攝影協助
EIN SHOP自由之丘
東京都目黑區自由之丘2-14-15
Tel. 03-5731-8946
HP www.einshop.jp
T.C/Timeless Comfort自由之丘店
東京都目黑區自由之丘2-9-11
自由之丘八幸大樓
Tel. 03-5701-5271

布料・材料提供
Captain
大阪府阿倍野區阪南町1-7-15
Tel. 06-6622-0241
COSMO TEXTILE
（大阪）大阪府大阪市中央區
　　　久太郎町2-5-13
　　　Tel. 06-6258-0461
（東京）東京都涉谷區涉谷1-1-8
　　　青山鑽石大樓5F
　　　Tel. 03-5774-9120
Daiwabo tex
東京都中央區日本橋人形町2-26-5
日通人形町大樓6F
Tel. 03-4332-5226
Hamanaka
（京都總店）京都府京都市右京區
　　　　　花園藪之下町2番地之3
　　　　　Tel. 075-463-5151
（東京分店）東京都中央區日本橋濱町
　　　　　1丁目11番10號
　　　　　Tel. 03-3864-5151
松田輪商店
（總店）大阪府大阪市中央區瓦町2-5-4
　　　Tel. 06-6201-5151
（東京）東京都中央區日本橋濱町2-35-7
　　　島鶴大樓6F
　　　Tel. 03-3666-3540
※松田輪商店的布料可在「木棉屋奈奈
子」（momenyananaco）購買。
木棉屋奈奈子 tel. & fax. 06-6386-2180
月長石（moonstone）
東京都中央區日本橋人形町3-13-2
Tel. 03-5633-7131
LECIEN ART HOBBY事業部
京都府京都市伏見區竹田鳥羽殿町15
Tel. 075-623-3805
HP http://www.lecien.co.jp/hobby
網路商店HP
http://e-shop.lecien.co.jp/

縫線提供
FUJIX
京都府京都市北區平野宮本町5番地
Tel. 075-463-8111

使用棉質布料與亞麻布，

可縫製出天然而又舒適的居家小物！

讓家居的時光，更加舒適愉快，

生活加倍悠閒的布製小物，盡在其中！

Staff
編輯 ＊矢口佳那子　坪朋美
攝影 ＊小松康則
髮妝 ＊山田直美
模特兒 ＊田村愛
版面設計 ＊松原優子
插圖 ＊竹內美和（trifle-biz）

輕鬆自在起居室

清爽的淺紫色格紋布和花朵圖案布與素面亞麻布的組合，

略帶成熟風情的抱枕靠墊套與沙發罩組合成一套。

最適合悠閒的假日午後時光！

直線縫合、簡單製作的簡潔設計，令人感到愉快！

作法　　1~4　P.42
　　　　5　P.43

提供
布料（素面）＊COSMO TEXTILE
布料（格紋‧花朵圖案）＊LECIEN
織帶＊Hamanaka
製作＊酒井三菜子

1～4　抱枕靠墊套

大大的抱枕靠墊套，充分利用布料本身的可愛特性，製作出簡潔俐落的款式。小巧的抱枕靠墊套加上織帶，發揮了綴飾的效果。

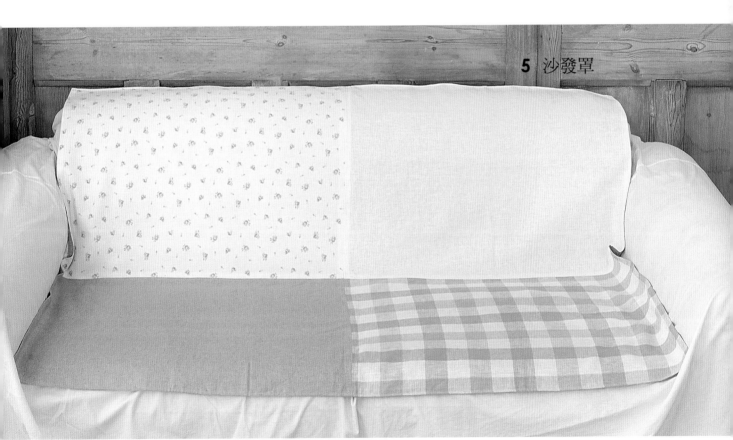

5　沙發罩

沙發罩選用四種不同布料的組合，只需將布料直線縫合在一起即可。

舒緩身心樂活風 ✧✦

用喜愛的衣物和室內鞋，舒緩身與心。

縫製以鈕扣為設計重點的抱枕靠墊套，可搭配成套。

以水藍色的細格紋圖案和淺紫色的條紋圖案組合而成

6

抱枕靠墊套

7

4

短版的細肩帶娃娃裝，下襬的蕾絲低調裝飾，穿搭在T恤上，更顯可愛。

8　細肩帶娃娃裝

以鬆緊帶作鞋帶的室內鞋，穿起來合腳又舒服。

9　室內鞋

作法　　6·7　P.44
　　　　 8　P.46
　　　　 9　P.45

提供
布料＊月長石
蕾絲＊Hamanaka
製作＊金丸香保利

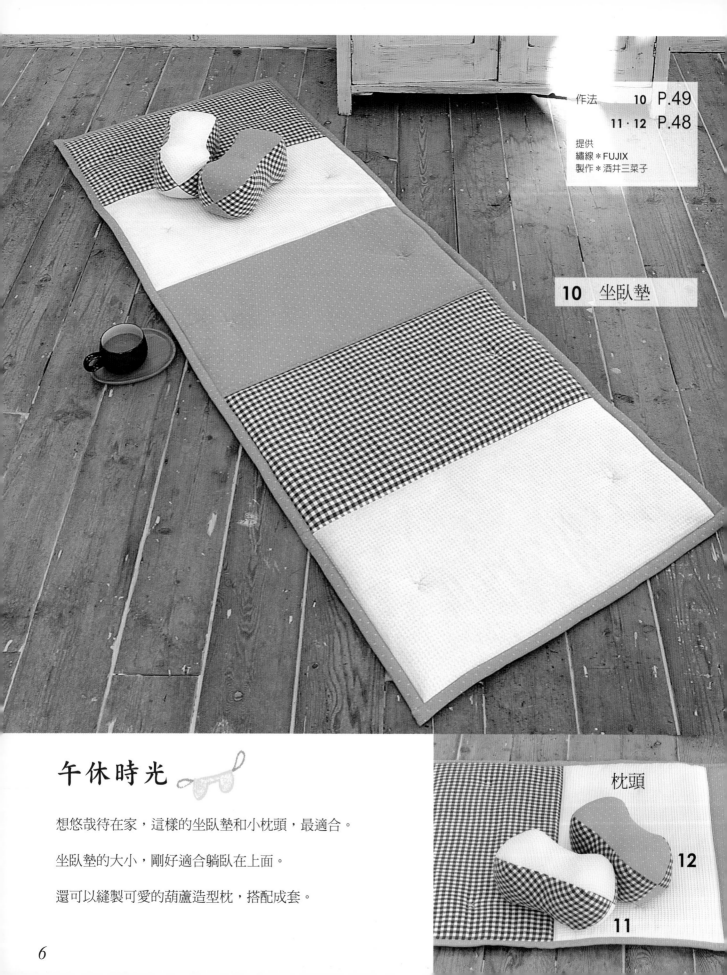

作法　　10　P.49
　　　　11・12　P.48

提供
繡線＊FUJIX
製作＊酒井三菜子

10　坐臥墊

午休時光

想悠哉待在家，這樣的坐臥墊和小枕頭，最適合。

坐臥墊的大小，剛好適合躺臥在上面。

還可以縫製可愛的葫蘆造型枕，搭配成套。

枕頭

12

11

趴在坐臥墊上看書。

覺得睏了，還可以抱著枕頭小睡片刻……

懶骨頭沙發 十

單一的素面亞麻布搭配條紋圖案

布縫製的懶骨頭沙發，營造出略帶成熟的氛圍。

裡面的填充物使用的是保麗龍球，可隨著
身體的姿勢變換成各種形狀。

13　　　　　　　**14**

作法　P.9

提供
布料（素面）＊COSMO TEXTILE
布料（條紋圖案）＊LECIEN
製作＊吉田敏子

■ **13・14的材料**（懶骨頭沙發・一個的材料）
A布（棉麻混紡・條紋圖案）90㎝寬90㎝
B布（亞麻・素面）90㎝寬90㎝
保麗龍球　約700g
●完成尺寸　直徑約80㎝

製圖

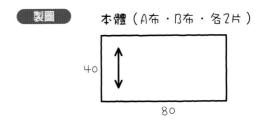

本體（A布・B布・各2片）

40

80

作法

1 分別將兩片A布與B布各自縫合。

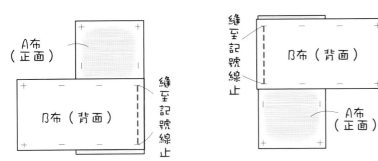

2 在記號線的位置上剪出牙口。

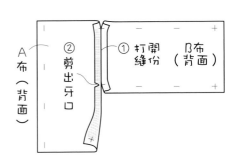

3 縫合4片，在記號線的位置上剪出牙口。

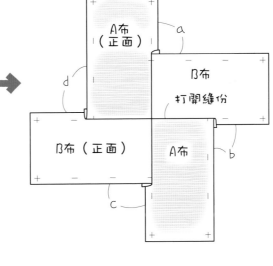

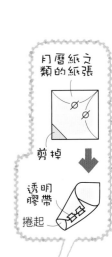

月曆紙之類的紙張

剪掉

透明膠帶

捲起

4 依序縫合a～d。

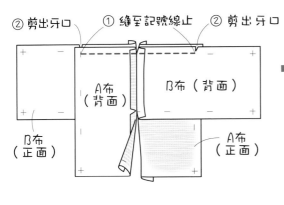

★剩餘的b～c，以同樣方式縫合

5 縫合其餘的部分，然後填充保麗龍球。

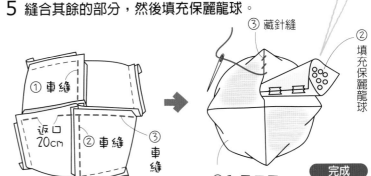

③藏針縫

②填充保麗龍球

①車縫

返口20cm

②車縫

③車縫

①翻至正面

完成

＊製圖上的尺寸不包含縫份。請先預留1cm的縫份後，再裁剪布料。

大中小收納袋

房間裡即使沒有收納棉被的空間，有這款收納袋就沒問題。

無論是蓋被或是墊被，只要收到這款收納袋裡，

立刻變身可愛沙發和靠墊！

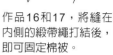

作品16和17，將縫在
內側的緞帶繩打結後，
即可固定棉被。

15　兩用式包包收納袋

16　蓋被收納袋

17　墊被收納袋

在作品15側邊的鈕扣上，扣上肩帶後，收納袋立刻變身為袋子。具有充分厚度的檔邊設計，用起來方便又順手。

作法　　　P.50

提供
布料（素面・格紋圖案）＊COSMO TEXTILE
布料（花朵圖案）＊LECIEN
製作＊住谷征津子

18 壁掛袋

方便好用小物品

用少少的布料製作的小物品，

最適合用來收納零零散散的小東西。

20 束口包

19 束口包

壁掛袋的口袋裡，可用來收納文具、信封等零散的小東西。

有檔邊的長深型束口包，用途多而廣。作品20附有提把，可以提著出門購物去。

作法　**18** P.52
　　　19・20 P.53

提供
織帶・圓繩＊Hamanaka
製作＊小林浩子

鉛筆＊EIN SHOP自由之丘

21 置物盒（大）

22 置物盒（中）

23 置物盒（小）

簡單而樸實的置物盒，利用剩餘的碎布縫製。不用的時候，還可以層層堆
疊整齊收納。

作法　　　P.60

提供
織帶＊Hamanaka
製作＊吉田敬子

24 細肩帶連身裙

可愛家居服和方便收納袋

在房間渡過悠閒時光之際，

何妨穿上舒適又可愛的細肩帶連身裙呢？

時尚的收納布籃和報紙收納袋，

讓人不禁想拿它來裝飾房間。

利用布料的荷葉邊當裙襬的
裝飾，胸口部分穿上鬆緊帶
即可，簡單又容易縫製。是
簡潔又可愛的背心式連身裙
設計。

25 收納布籃

粉紅色可愛收納布
籃，籃身共使用三
種不同的布料。大
尺寸的設計，可收
納更多物品。

作法　　**24** P.46
　　　　25 P.54

提供
布料＊松田輪商店
製作＊細肩帶連身裙…小林浩子
　　　收納布籃…金丸香保利

想要收拾看完的舊報紙，但一份一份
堆疊起來真是費事……。這時候，報
紙收納袋就可以派上用場了。先在收
納袋內放入回收用袋，再將報紙一份
一份地塞進去，不但賞心悅目，而且
等報紙累積到一定量後，只需把內袋
取出就可以，方便又輕鬆。

26 報紙收納袋

作法　　　P.56

提供
布料（素面）＊松田輪商店
製作＊金丸香保利

15

花朵圖案餐廳用品組 ✿

讓每天的用餐和午茶時間，

變得更加美好的餐廳用品。

選用花朵圖案的布料，營造明亮溫馨的氣氛。

作法　　27　P.55
　　　28·29　P.59

提供
布料＊27　　Daiwabo tex
　　28·29　LECIEN
製作（28·29）＊住谷征津子

茶杯＊EIN SHOP自由之丘

27　桌巾

29

28

椅墊

正方形的桌巾製作，只需縫好布邊即可。活用布料特色的素雅設計，顯得格外大方。

椅墊使用部分相同的布料，呈現出變化和諧趣感。

30　桌巾

作法　　**P.58**

提供
布料＊LECIEN
製作＊住谷征津子

茶杯＊EIN SHOP自由之丘

桌巾和椅墊成套的手作作品。利用柔和的粉紅色邊布，整合整體的風格，讓用餐時間和午茶時間，在大自然的氣氛下享有愉悅的心情，桌巾使用花朵圖案的布料，邊緣再以素面的布料縫製。

輕鬆愉快居家掃除

明亮的綠色格紋亞麻布組合，

縫製成圍裙和袖套。

成套的組合彷彿能讓居家掃除變得快樂起來。

圍裙前中心的開叉設計可方便活動。成套的袖套是打掃時的重要配備之一。

31 袖套

32 圍裙

作法　**31** P.59
　　　32 P.19

提供
布料＊LECIEN
製作＊小澤信子

■ **32的材料**（圍裙）
A布（亞麻‧大格紋圖案布）55cm寬60cm
B布（亞麻‧小格紋圖案布）70cm寬60cm
棉布條　30mm寬160cm
●完成尺寸　長50cm×寬85cm

三摺車縫

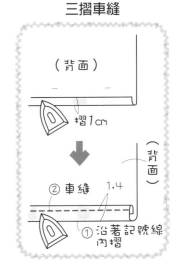

（背面）
摺1cm
（背面）
②車縫　1.4
①沿著記號線內摺

作法

1 縫製、縫上口袋。

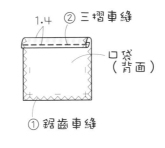

1.4
②三摺車縫
口袋（背面）
①鋸齒車縫

製圖

腰帶（棉布條‧2條）

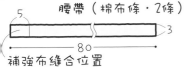

5
3
80
補強布縫合位置

補強布（B布2片）

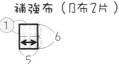

1
6
5

縫腰帶的位置

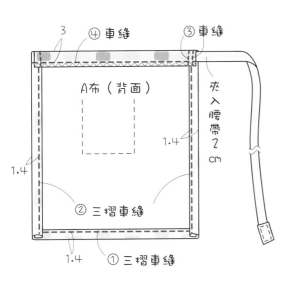

④
3
13
(2.5) 13
1.4
15
口袋（只有右邊有‧嘸有）
①
15
0.2
50
(2.5)
4
4
1.4
(2.5)
1.4
45

本體
（左‧A布1片
右‧B布1片）

鋸齒車縫

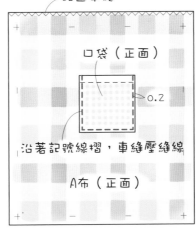

口袋（正面）
0.2
沿著記號線摺，車縫壓縫線
A布（正面）

2 縫上補強布。

四周沿著記號線摺好布邊

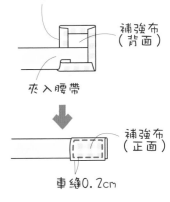

補強布（背面）
夾入腰帶
補強布（正面）
車縫0.2cm

3 縫合周圍。
（左邊的**B**布以同樣方式縫合）

3
④車縫
③車縫
A布（背面）
夾入腰帶2cm
1.4
1.4
②三摺車縫
1.4
①三摺車縫

4 將本體的右邊與左邊重疊，然後縫合。

完成

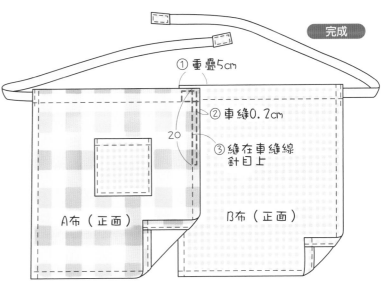

①重疊5cm
②車縫0.2cm
20
③縫在車縫線針目上
A布（正面）
B布（正面）

*製圖上的尺寸不包含縫份。請先預留○內的縫份尺寸，再裁剪布料。

廚房小幫手

廚房裡多了這幾款琳瑯滿目的便利用品，方便許多了。

33 保鮮膜收納壁袋

34 塑膠袋收納壁袋

經揉皺加工的素面及水藍色
格紋圖案棉麻布組合，讓保
鮮膜收納壁袋呈現清爽風。

利用織帶重點裝飾的簡潔風
塑膠袋收納壁袋設計，任何
廚房皆可搭配。

作法　**33** P.22
　　　34 P.61

提供
布料（素面）＊松田輪商店
織帶＊Hamanaka
製作＊小澤信子

35 隔熱鍋墊

利用針織布縫製的隔熱鍋墊和隔熱手套,觸感舒適。背面使用厚質棉布,增加耐用性。

36 隔熱手套

作法　　P.23

提供
布料（花朵圖案）＊松田輪商店
織帶＊Hamanaka
斜布條＊Captain
製作＊小澤信子

第20頁的作品 **33**

■ **33的材料**（保鮮膜收納壁袋）
A布（棉麻混紡·素面）110cm寬40cm
B布（棉·細格紋圖案）110cm寬50cm
織帶　7mm寬165cm
●完成尺寸　長40×寬33cm

作法

1 縫製本體。

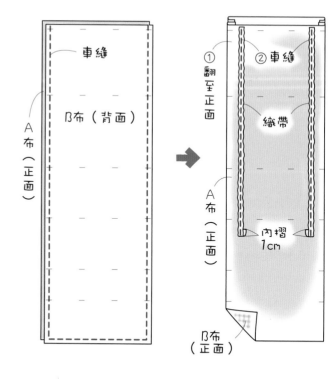

製圖

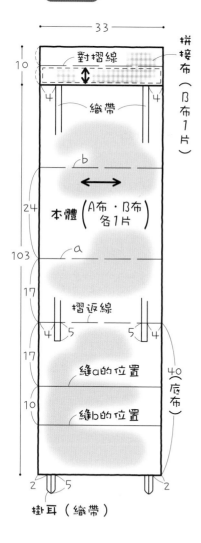

掛耳（織帶）

2 縫上拼接布。

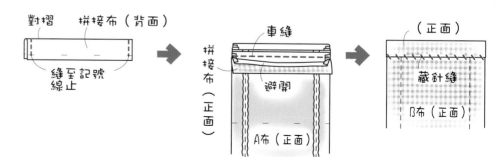

3 縫上**a**、**b**。

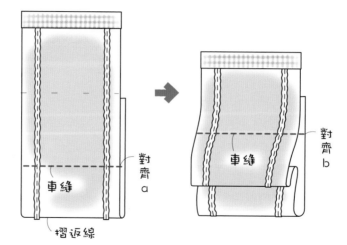

4 縫合拼接布與底布。

將掛耳夾在中間
車縫
0.2

完成

22　　　　＊製圖上的尺寸不包含縫份。請先預留1cm的縫份後，再裁剪布料。

第21頁的作品 36

■ **36的材料**（隔熱手套）
A布（棉麻混紡針織布・花朵圖案）45cm寬20cm
B布（棉麻混紡針織布・圓點圖案）30cm寬20cm
C布（厚質棉布・素面）30cm寬20cm
鋪棉襯　30cm寬20cm
斜布條（滾邊裝飾布）10mm寬35cm
織帶　10mm寬10cm
●完成尺寸　長15×寬22cm
●原寸紙型請見第79頁

作法

1 在袋布縫上滾邊。

2 依照①～④的順序，將布重疊，然後縫合外圍。

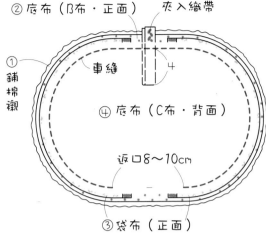

3 翻至正面。

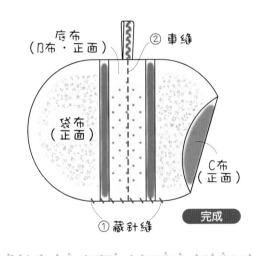

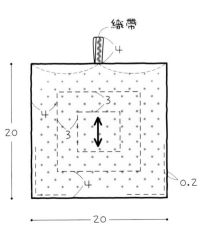

第21頁的作品 35

■ **35的材料**（隔熱鍋墊）
A布（棉麻混紡針織布・圓點圖案）25cm寬25cm
B布（厚質棉布・素面）25cm寬25cm
鋪棉襯　25cm寬25cm
織帶　10mm寬10cm
●完成尺寸　長20×寬20cm

製圖　　　　　　　　　　作法

本體（A布・B布・鋪棉襯・各1片）

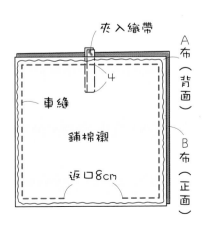

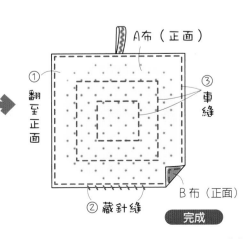

＊紙型・製圖上的尺寸不包含縫份。請先預留0.5cm的縫份後，再裁剪布料。

廚房用置物袋

包包型的置物袋，可將蔬菜、食材，收納得整齊又漂亮。

37

38

39

長深型置物袋

長深型的置物袋，用來放細長蔬菜等食材最方便。縫製三種不同的顏色，讓人禁不住想把它們排排掛起。

作法　P.62

提供
布料＊COSMO TEXTILE
製作＊吉澤瑞惠

托特包型置物袋

利用粗編的黃麻布，縫製托特包型置物袋。透氣性絕佳，最適合用來保存蔬菜。檔邊寬大的設計，增加了收納的容量。

40

41

作法　P.63

提供
布料＊COSMO TEXTILE
製作＊吉澤瑞惠

連指手套式的隔熱手套，連掛在牆上都讓人覺得可愛無比。

作法　　P.64

42〜44　提供
布料（花朵圖案）＊Daiwabo tex
斜布條＊Captain
製作＊千葉美枝子

耐熱陶鍋＊T.C/Timeless Comfort自由之丘店

俏麗烹調組

想要享受烹調的樂趣，就要先從造型上著手。

使用花朵圖案的布料縫製圍裙、三角頭巾、連指隔熱手套，洋溢著屬於女人的風情。

帶有胸襠的圍裙，腰部加入壓褶的
設計，散發俏麗女人味。肩帶和腰
帶部分，使用素面布料，整合整體
風格。戴上三角頭巾，愛的料理開
始！

作法　**43**　P.64
　　　44　P.66

調理鉢・耐熱陶鍋＊T.C/Timeless Comfort自由之丘店

43　三角頭巾

44　圍裙

作法　**45**　P.69
　　　　46　P.68

提供
布料（素面）＊COSMO TEXTILE
布料（格紋圖案）＊Daiwabo tex
蕾絲・徽章 ＊Hamanaka
製作＊千葉美枝子

竹藍＊EIN SHOP自由之丘

素雅的萬用方巾，加上刺繡徽章和蕾絲的妝點，更具特色。

45　萬用方巾

46　餐具包

餐具包和萬用方巾，使用格紋圖案雙層棉紗布和白色亞麻布。雙層棉紗布的正面和背面有著小大不同的格紋圖案，兩面皆可使用。餐具包利用繩子，方便將餐具包捲起收納。

便利餐具組

最想讓人在午餐時間使用的餐具組合。

簡單大方、方便使用的設計。

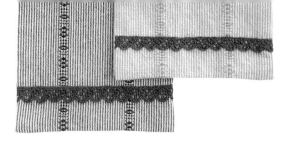

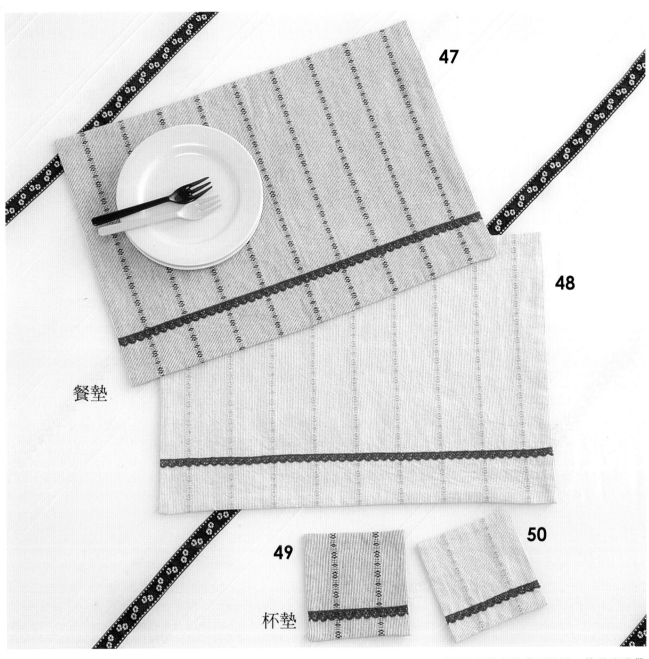

47

48

餐墊

杯墊

49

50

成熟風韻的餐墊與杯墊組，散發出略帶沉穩的氣息。運用蕾絲裝飾，縫製出不同的色系感。

作法　P.69

提供
布料＊月長石
蕾絲＊Hamanaka
製作＊千葉美枝子

作法　　P.32

提供
布料（花朵圖案）＊Daiwabo tex
蕾絲＊Hamanaka
製作＊福田美穗

51　茶壺保溫罩

優雅午茶時間 ☕

讓午茶時間氣氛更愉悅的午茶組。

紫色的小花圖案和綠色格紋圖案的組合，加上蕾絲裝飾，可愛無比。

搭配咖啡簾，營造出優雅的午茶時間。

大大的圓點圖案、輕薄質地的棉布，縫製成咖啡簾。透明感的雪白布料，給人清爽的感覺。

作法　P.70　提供　布料＊松田輪商店

55　咖啡簾

52　茶壺墊

53

54

杯墊

茶壺墊和杯墊裡鋪著鋪棉的內襯，可安心地放置熱茶壺或杯子。膨膨的外形看起來格外可愛。

作法　　P.33

提供
布料（花朵圖案）＊Daiwabo tex
蕾絲＊Hamanaka
製作＊福田美穗

■ **51的材料**（茶壺保溫罩）
A布（棉・花朵圖案）40cm寬55cm
B布（棉・細格紋圖案）45cm寬80cm
鋪棉襯　35cm寬60cm
蕾絲　25mm寬70cm
●完成尺寸　高25×寬32×厚7cm

作法

1 縫合本體表布的拼接線。

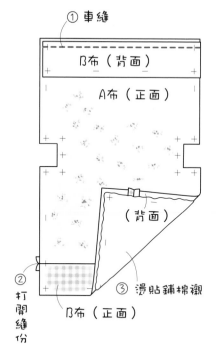

① 車縫
B布（背面）
A布（正面）
（背面）
② 打開縫份
B布（正面）
③ 燙貼鋪棉襯

製圖

提把（B布1片）

8
←→
32
○
2
0.1

縫提把的位置
對摺處
3.5　8　8　3.5
3.5　　　　　3.5
本體表布
（A布1片）
28.5
蕾絲
5（B布2片）
罩口
32
本體裡布（不需要拼接的B布・鋪棉襯・各1片）

A布
蕾絲
B布
鋪棉襯

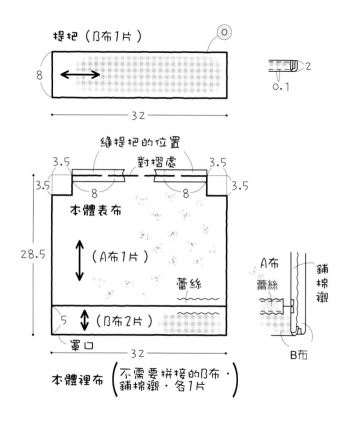

2 縫合本體表布的兩側邊。

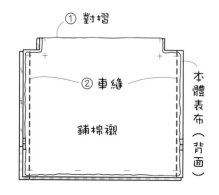

① 對摺
② 車縫
鋪棉襯
本體表布（背面）

3 縫合本體裡布的兩側邊。

① 對摺
本體裡布（背面）
返口10cm
② 車縫

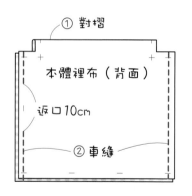

4 分別縫出兩檔邊。

② 車縫
（背面）
① 打開縫份

5 縫合本體表布與本體裡布。

本體表布（背面）
① 車縫
② 翻至正面
本體裡布（背面）

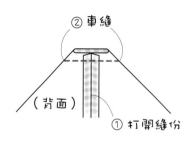

＊製圖中○內的數字為縫份尺寸。未指定的部分，請先預留1cm的縫份後，再裁剪布料。

6 翻至正面，用藏針縫縫合返口。

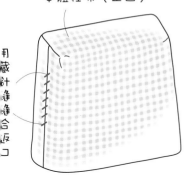

本體裡布（正面）

用藏針縫縫合返口

7 縫製提把。

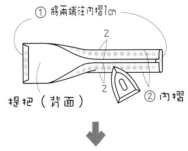

① 將兩端往內摺1cm
② 內摺
提把（背面）

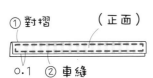

① 對摺　（正面）
0.1　② 車縫

8 縫上提把、蕾絲。

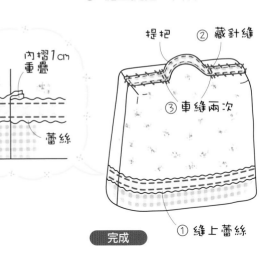

內摺1cm重疊
蕾絲

提把
② 藏針縫
③ 車縫兩次
① 縫上蕾絲

完成

第31頁的作品 **52・53・54**

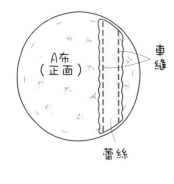

■ **52的材料**（茶壺墊）
A布（棉・花朵圖案）30cm寬25cm
B布（棉・細格紋圖案）30cm寬25cm
鋪棉襯　50cm寬20cm
蕾絲　15mm寬70cm
●完成尺寸　長18×寬22cm
●原寸紙型請見第80頁

■ **53・54的材料**（杯墊・一個的材料）
A布（棉・花朵圖案）15cm寬15cm
B布（棉・格紋圖案）15cm寬15cm
鋪棉襯　15cm寬15cm
53的蕾絲　15mm寬45cm
54的蕾絲　25mm寬15cm
●完成尺寸　直徑12cm
●原寸紙型請見第80頁

作法

1 縫上蕾絲。

A布（正面）
車縫
蕾絲

比記號線多出0.8cm
A布（正面）
車縫
內摺1cm、重疊

2 縫合A布與B布。

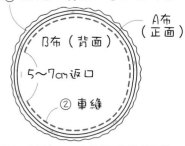

① 在A布的背面，燙貼鋪棉襯
B布（背面）
A布（正面）
5～7cm返口
② 車縫

＊杯墊的部分，分別在A、B布的背面燙貼鋪棉襯。

3 翻至正面用藏針縫縫合返口。

完成

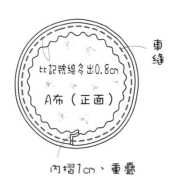

① 翻至正面
54
② 藏針縫

53

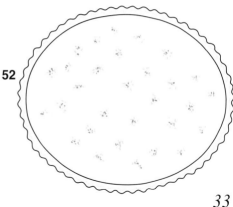

52

＊紙型上的尺寸不包含縫份。請先預留0.5cm的縫份後，再裁剪布料。

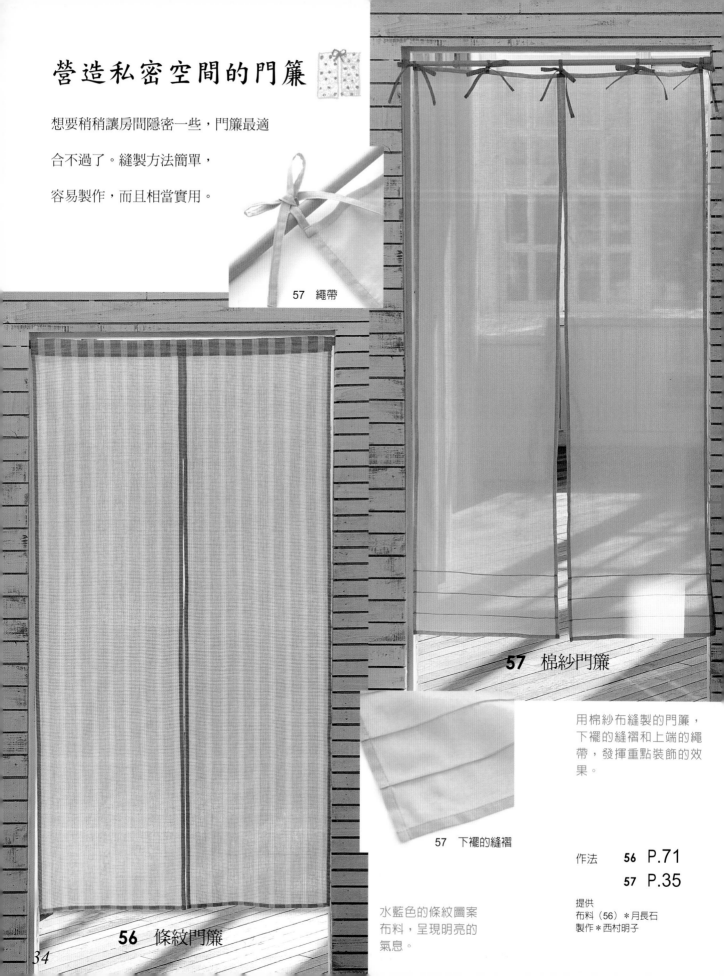

營造私密空間的門簾

想要稍稍讓房間隱密一些，門簾最適

合不過了。縫製方法簡單，

容易製作，而且相當實用。

57　繩帶

57　棉紗門簾

用棉紗布縫製的門簾，
下襬的縫褶和上端的繩
帶，發揮重點裝飾的效
果。

57　下襬的縫褶

水藍色的條紋圖案
布料，呈現明亮的
氣息。

56　條紋門簾

作法　**56** P.71
　　　57 P.35

提供
布料（56）＊月長石
製作＊西村明子

第34頁的作品 **57**

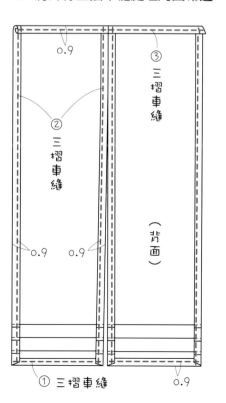

■ 57的材料（門簾）

表布（棉紗・素面）110cm寬170cm

●完成尺寸 長約148.5cm×寬80cm

製圖

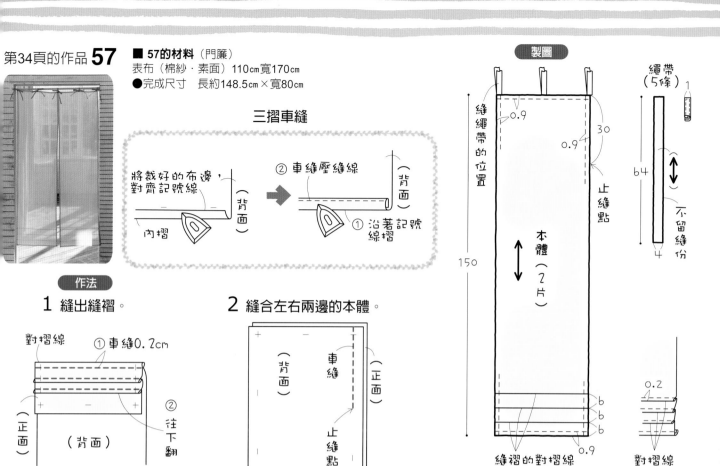

三摺車縫

將裁好的布邊，
對齊記號線

① 沿著記號線摺

② 車縫壓縫線

（背面）
（背面）
內摺

縫繩帶的位置
0.9
0.9
30
止縫點

本體（2片）
150

繩帶（5條）
64
4
不留縫份
1

縫褶的對摺線
0.9
6 6 6
40

0.2
0.9
對摺線

作法

1 縫出縫褶。

對摺線
① 車縫0.2cm

（正面）
（背面）
② 往下翻

2 縫合左右兩邊的本體。

（背面）
車縫
止縫點
（正面）

---

3 將外緣三摺車縫處理周圍布邊。

0.9
③ 三摺車縫
② 三摺車縫
0.9 0.9
（背面）
① 三摺車縫
0.9

4 縫製、縫上繩帶。

① 將兩端往內摺1cm
② 內摺
1
1
（背面）
（正面）

0.1
① 對摺
② 車縫

28
34
繩帶
（背面）

繩帶縫在三摺車縫的位置上
（背面）

繩帶往回摺，然後再車縫
（背面）

完成

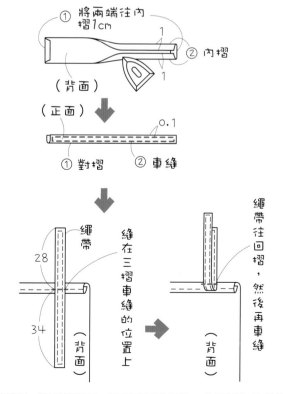

止縫點
重複車縫2〜3次

＊製圖上的尺寸不包含縫份。除了繩帶以外，其餘布料請先預留2cm的縫份後，再裁剪。

溫馨寢室用品

環繞在床邊的各種用品，用自己喜歡的布料，一一親手縫製吧！

58 大格紋枕頭套

棉麻質地的枕頭套，利用簡單的設計，充分發揮藍色線條的特色。

圓點圖案的雙層棉紗布，擁有舒適的觸感，兩側使用小花圖案布料裝飾。將枕頭套進去後，側邊的繩帶還可以打上蝴蝶結。

60 圓點圖案枕頭套

蝴蝶結的部分

59 裝飾邊枕頭套

粉紅色的素面布和小花朵圖案的布料，縫在枕頭套的邊緣，呈現女孩風。

作法　**58** P.72
　　　59 P.73
　　　60 P.74

提供
布料（58）＊LECIEN
製作＊吉田敬子

61 地墊

地墊的兩面，利用不同的布料縫製，兩面都可以使用。

62 拖鞋

小花圖案布料縫製的地墊和拖鞋，讓整個房間洋溢著少女氣息。地墊的外緣採波浪造型，突顯出裝飾線。拖鞋的鞋口較深，更方便行走。

作法　P.75

提供
布料＊LECIEN
製作＊西村明子

63 面紙盒

64 飾品托盤

黃色碎花圖案布料縫製的面紙盒和飾品拖盤。
面紙盒的抽取口,加了蕾絲綴飾。飾品拖盤的製作,只需將四個角
落以抓縫方式處理即可。

作法　**63** P.39
　　　64 P.76

提供
布料＊松田輪商店
蕾絲＊Hamanaka
製作＊西村明子

■ **63的材料**（面紙盒・適用於少量裝面紙）
A布（雙層棉紗・花朵圖案）45cm寬40cm
B布（棉・素面）25cm寬10cm
蕾絲　11mm寬35cm
鈕扣　直徑15mm 2個
●完成尺寸　長35×寬18cm

作法

1 製作滾邊裝飾布。

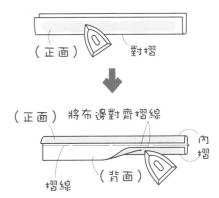

（正面）　對摺

（正面）將布邊對齊摺線
摺線　（背面）　內摺

製圖

滾邊裝飾布（B布2片）

4　↕　　　○

20

B布
藏針縫
A布

蕾絲

滾邊1cm　蕾絲

本體
（A布1片）

鈕扣孔2cm

9　0.5

0.5

0.5

對摺線

0.5

9　滾邊1cm

35

9.5　　9.5

37

0.5　抽取口

2 縫製抽取口。

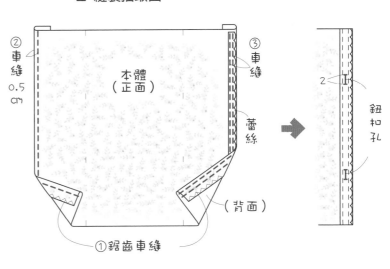

②車縫　　0.5cm

本體（正面）

③車縫

蕾絲

①鋸齒車縫

（背面）

2　鈕扣孔

3 縫上滾邊。

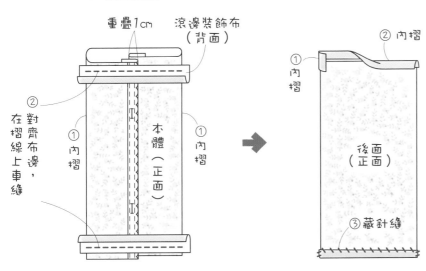

重疊1cm　滾邊裝飾布（背面）

②對齊布邊，在摺線上車縫

①內摺　本體（正面）　①內摺

②內摺　①內摺

後面（正面）

③藏針縫

完成

縫上鈕扣

＊製圖上的尺寸不包含縫份。請先預留○內的縫份尺寸後，再裁布料。

寶貝衣物收納套

衣物收納套和香氛袋，可以收納心愛的衣物，

迎接下一季的到來。使用時先將衣服收在收納套裡，

再掛上香氛袋即可。

衣物收納套的特色，在於下襬及蝴蝶結繩帶的圓點圖案。

作法　65·66　P.77
　　　67~69　P.72

提供
布料＊COSMO TEXTILE
徽章＊Hamanaka
製作＊西村明子

65

66

衣物收納套

香氛袋

67　68　69

香氛袋可利用衣物收納套剩下的布料縫製，搭配成套使用。

✳ ✳ ✳ 縫製前的準備工作 ✳ ✳ ✳

布料的處理方式

天然素材的布料吸水後會發生收縮的現象,這是天然素材的特色。所以在裁剪布料之前,請先進行前置處理。無論是100%的亞麻布或棉麻混紡布,亞麻的混合比例越高,或者布紋的織目越粗,縮水的比率就越高。

先水洗後再使用…水洗後,趁著還半乾的時候,用乾式熨斗整燙布紋,同時輕輕地將皺褶燙平。水洗除了可以收縮布料外,還可以營造出柔軟溫和的觸感。

製圖的參照方式與裁剪方式

本書的製圖・紙型,均不包含縫份。縫份的尺寸,刊登在作法頁上。請依照內容說明,先加上縫份後再裁剪布料。

範例
✳製圖中●內的數字代表縫份的尺寸。如果沒有特別指定時,請先預留1cm的縫份後,再裁剪布料。

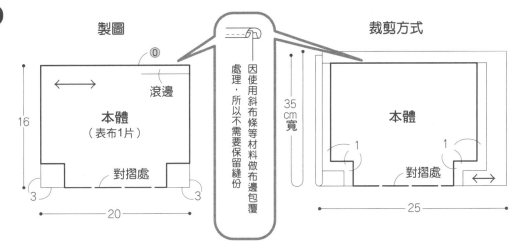

車縫重點

在起縫點和止縫點,分別縫上回針縫。方式是在相同的縫線上,重複車縫2〜3次。

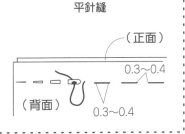

基本的手縫技巧

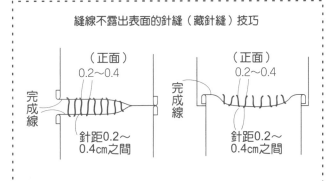

縫線不露出表面的針縫(藏針縫)技巧

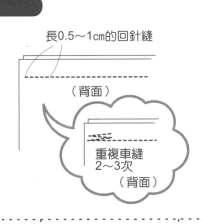

平針縫

針距較小的平針縫

疏縫

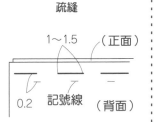

藏針縫

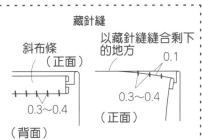

1・4的製圖

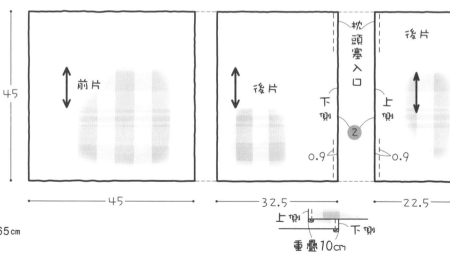

前片

後片

枕頭塞入口

下側 上側

45

0.9 0.9

45 32.5 22.5

上側 下側

重疊10cm

■**1・4的材料**（抱枕靠墊套‧一個的材料）
1是表布（亞麻‧格紋圖案）65cm寬100cm
4是表布（棉‧花朵圖案）65cm寬100cm
●完成尺寸 45×45cm用

■**2・3的材料**（抱枕靠墊套‧一個的材料）
表布（亞麻‧素面）80cm寬35cm
織帶 8mm寬 作品2的長度35cm 作品3的長度65cm
●完成尺寸 30×30cm用

2・3的製圖

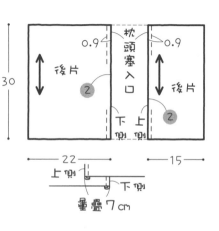

（只有3有）
前片

織帶

30

6.5
6.5

30

織帶

0.9 0.9

枕頭塞入口

後片

2

後片

2

下側 上側

22 15

上側 下側

量疊7cm

作法

（1～4共通）

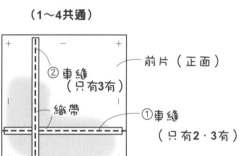

②車縫
（只有3有）

織帶

前片（正面）

①車縫
（只有2・3有）

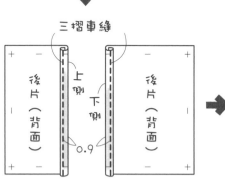

三摺車縫

後片（背面）

上側
下側
0.9

後片（背面）

上側

前片（正面）

①車縫

下側

後片（背面）

②兩片一起做鋸齒車縫

完成

3

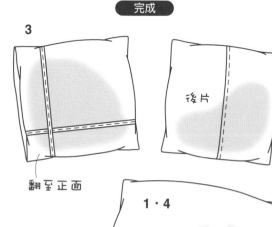

後片

翻至正面

1・4

2

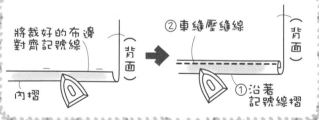

＊**三摺車縫**＊

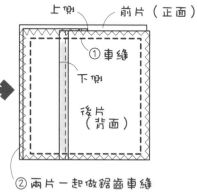

將裁好的布邊
對齊記號線

背面

②車縫壓縫線

背面

內摺

①沿著
記號線摺

＊製圖中●內的數字，代表縫份的尺寸。如果沒有特別指定時，請先預留1cm的縫份後，再裁剪布料。

第3頁的作品 5

■ **5的材料**（沙發罩）

A布（亞麻・原色）110cm寬210cm
B布（棉・花朵圖案）80cm寬60cm
C布（亞麻・白色）80cm寬60cm
D布（亞麻・格紋圖案）80cm寬60cm

● 完成尺寸　長108×寬145cm

製圖

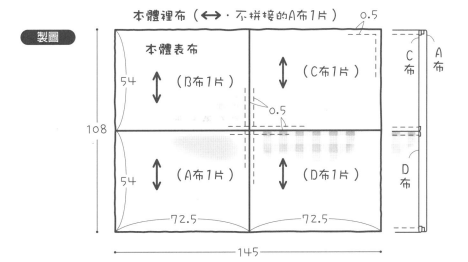

本體裡布（←→・不拼接的A布1片）

本體表布

（B布1片）　　（C布1片）　　C布 / A布

（A布1片）　　（D布1片）　　D布

54　54　108　72.5　72.5　145　0.5

作法

1 縫製本體表布。

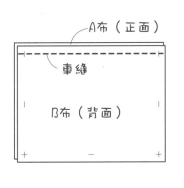

A布（正面）
車縫
B布（背面）

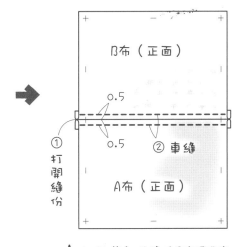

B布（正面）
① 打開縫份
0.5　0.5
② 車縫
A布（正面）

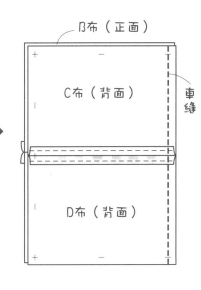

B布（正面）
C布（背面）
車縫
D布（背面）

★ 以同樣方式縫合C布與D布

---

2 縫合本體表布與本體裡布。

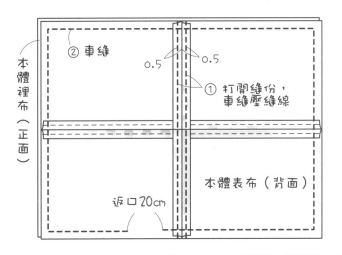

本體裡布（正面）
② 車縫
0.5　0.5
① 打開縫份，車縫壓縫線
本體表布（背面）
返口20cm

3 翻至正面。

完成

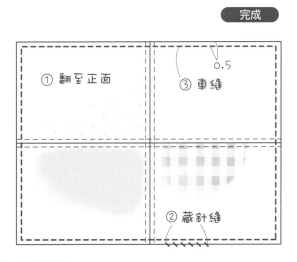

B布（正面）
① 翻至正面
0.5
③ 車縫
② 藏針縫

＊製圖上的尺寸不包含縫份。請先預留1cm的縫份後，再裁剪布料。

第4頁的作品 6・7

■ **6・7的材料**（抱枕靠墊套・一個的材料）
6是A布（棉麻混紡・條紋圖案）45cm寬50cm
　　B布（棉麻混紡・格紋圖案）75cm寬50cm
7是A布（棉麻混紡・條紋圖案）75cm寬50cm
　　B布（棉麻混紡・格紋圖案）45cm寬50cm
鈕扣　直徑20mm 3個
蕾絲　12mm寬50cm
●完成尺寸　長45×寬45cm用

製圖

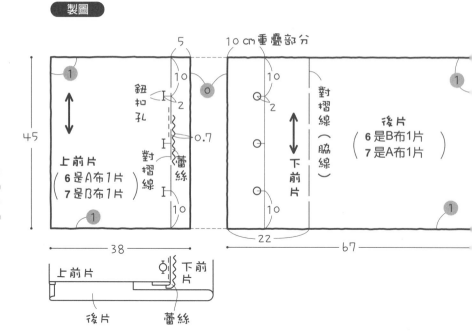

上前片
（6是A布1片
7是B布1片）

鈕扣孔

對摺線

蕾絲

0.7

10cm重疊部分

後片
（6是B布1片
7是A布1片）

對摺線（脇線）

下前片

45

5　10　2　　10　2　　10

38　　22　　67

上前片　下前片
後片　蕾絲

作法

1 縫合上前片。

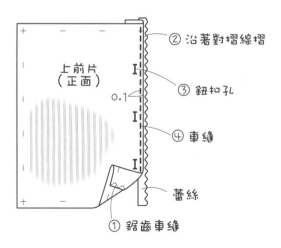

上前片（正面）

② 沿著對摺線摺
③ 鈕扣孔
④ 車縫
蕾絲
① 鋸齒車縫
0.1

2 將上前片與下前片重疊，然後縫合周圍。

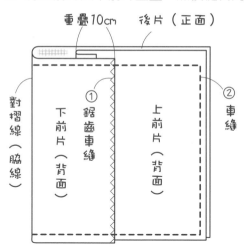

重疊10cm　後片（正面）

對摺線（脇線）

下前片（背面）

① 鋸齒車縫

上前片（背面）

② 車縫

3 處理縫份。

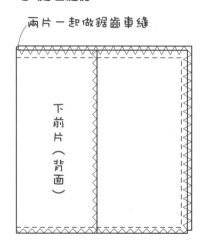

兩片一起做鋸齒車縫

下前片（背面）

4 翻至正面，縫上鈕扣。

完成

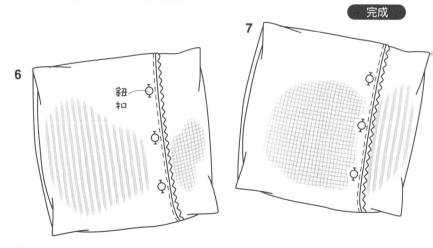

6

鈕扣

7

＊製圖上的尺寸不包含縫份。請先預留●內的縫份尺寸後，再裁剪布料。

第5頁的作品 9

■ 9的材料（室內鞋）
A布（棉麻混紡·格紋圖案）75cm寬35cm
B布（棉麻混紡·條紋圖案）75cm寬35cm
鋪棉襯　75×35cm
不織布（厚）　25×30cm
鬆緊帶（圓帶）　粗3mm長50cm
鈕扣　直徑15mm2個
●完成尺寸　24cm以內
●原寸紙型請見第78頁

作法

1 在側面A布、底面B布上，燙貼鋪棉襯。

2 縫合後中心位置。

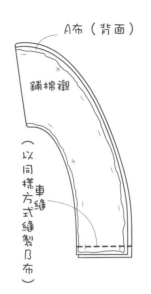

A布（背面）

鋪棉襯

（以同樣方式縫製B布）

車縫

3 製作鞋帶，縫合側面A布與B布。

① 將鬆緊帶對摺22cm
1.5　1.5

② 車縫

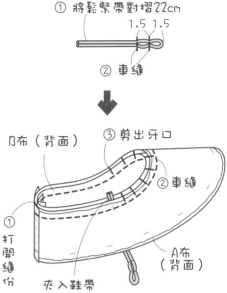

B布（背面）

③ 剪出牙口

② 車縫

① 打開縫份

夾入鞋帶

A布（背面）

4 細針縫合鞋尖。

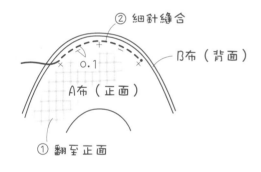

② 細針縫合

B布（背面）

0.1

A布（正面）

① 翻至正面

5 縫合側面與底面B布。

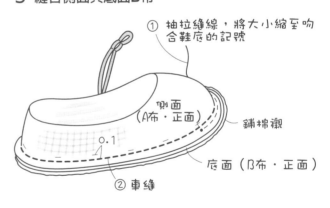

① 抽拉縫線，將大小縮至吻合鞋底的記號

側面（A布·正面）

鋪棉襯

0.1

底面（B布·正面）

② 車縫

6 縫合底面A布，處理鞋底。

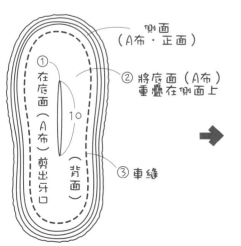

側面（A布·正面）

① 在底面（A布）剪出牙口

10

② 將底面（A布）重疊在側面上

（背面）

③ 車縫

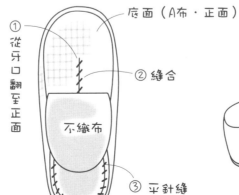

底面（A布·正面）

① 從牙口翻至正面

② 縫合

不織布

③ 平針縫

完成

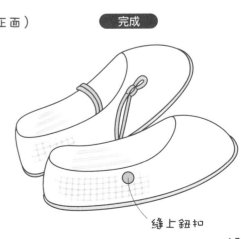

縫上鈕扣

*紙型上的尺寸不包含縫份。不織布不需要縫份，其餘則請先預留0.5cm的縫份後，再裁剪布料。

作法　　（8‧24共通）

■ **8**（細肩帶娃娃裝）‧**24**（細肩帶連身裙）**的材料**
8的表布（棉麻混紡‧條紋圖案）112cm寬120cm
24的表布（棉質蕾絲‧單側波浪邊）108cm寬150cm
鬆緊帶　6mm寬各70cm
8的蕾絲　14mm寬140cm
●**完成尺寸**（肩帶除外）　8是50cm
　　　　　　　　　　　　24是75cm

1 將蕾絲縫在裙襯上。（只有作品8有）

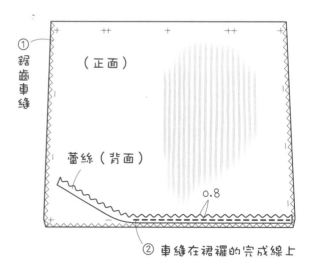

① 鋸齒車縫

（正面）

蕾絲（背面）

0.8

② 車縫在裙襯的完成線上

2 縫合裙襯。（只有作品8有）

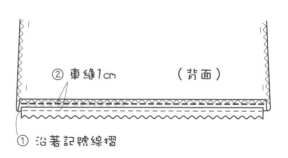

② 車縫1cm　　　　（背面）

① 沿著記號線摺

8‧24的製圖

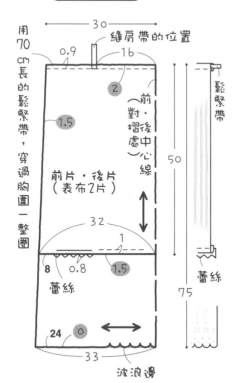

用70cm長的鬆緊帶，穿過胸圍一整圈

30
0.9
縫肩帶的位置
16
2
1.5
前‧對摺後處中心線
鬆緊帶
前片‧後片（表布2片）
50
32
1
8　0.8　**1.5**
蕾絲
蕾絲
75
24　〇
33
波浪邊

肩帶（表布2片）
1　0.1
〇
4
44

3 縫合脇線。

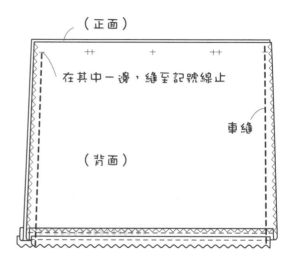

（正面）

在其中一邊，縫至記號線止

車縫

（背面）

＊製圖上的尺寸不包含縫份。請先預留●內的縫份尺寸後，再裁剪布料。

4 縫製肩帶。

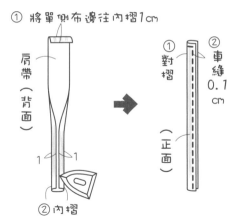

① 將單側布邊往內摺1cm

肩帶（背面）

① 內摺

② 對摺
② 車縫 0.1cm

（正面）

5 夾入肩帶，縫合胸圍一圈。

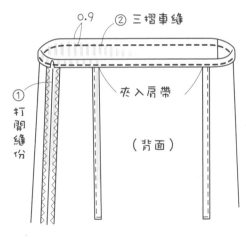

0.9
② 三摺車縫

① 打開縫份

夾入肩帶

（背面）

6 固定肩帶。

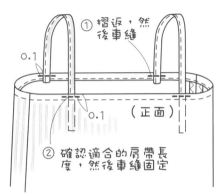

① 摺返，然後車縫

0.1

0.1
（正面）

② 確認適合的肩帶長度，然後車縫固定

三摺車縫

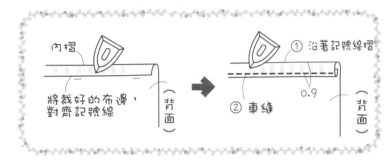

內摺

將裁好的布邊，對齊記號線

（背面）

① 沿著記號線摺

② 車縫
0.9

（背面）

7 穿上鬆緊帶。

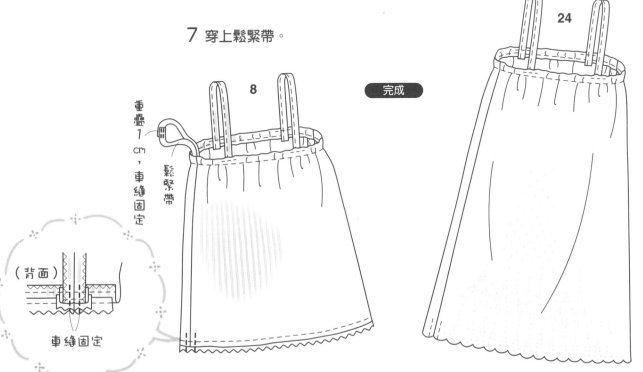

重疊1cm，車縫固定

鬆緊帶

（背面）

車縫固定

8

完成

24

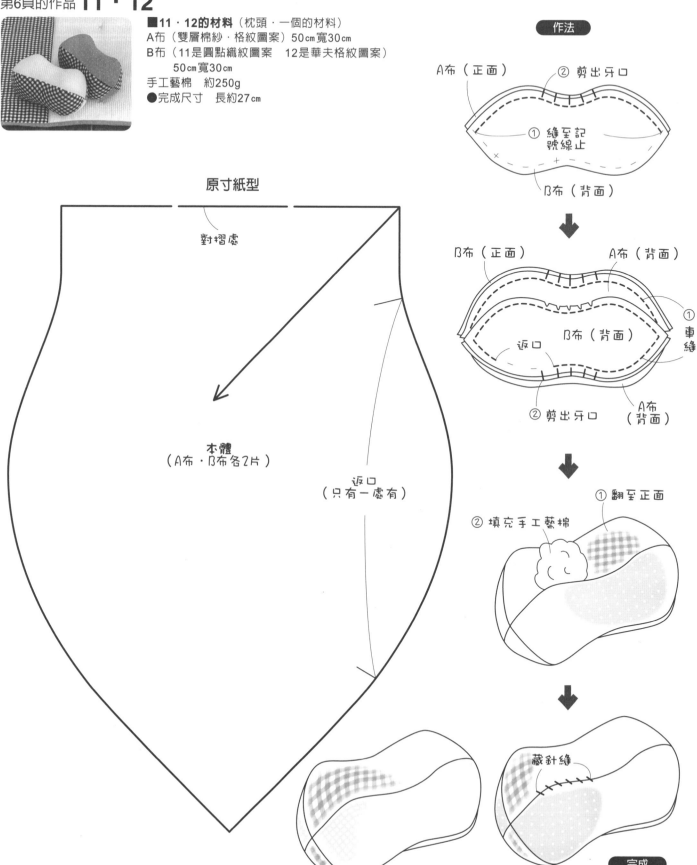

■**11 · 12的材料**（枕頭·一個的材料）
A布（雙層棉紗·格紋圖案）50㎝寬30㎝
B布（11是圓點織紋圖案　12是華夫格紋圖案）
　　　50㎝寬30㎝
手工藝棉　約250g
●完成尺寸　長約27㎝

作法

A布（正面）　　② 剪出牙口

① 縫至記
號線止

B布（背面）

B布（正面）　　　A布（背面）

B布（背面）

返口

①
車縫

② 剪出牙口　　A布（背面）

原寸紙型

對摺處

本體
（A布·B布各2片）

返口
（只有一處有）

① 翻至正面
② 填充手工藝棉

藏針縫

12　　　**11**

完成

＊紙型上的尺寸不包含縫份。請先預留1㎝的縫份後，再裁剪布料。

第6頁的作品 **10**

10的材料（坐臥墊）
A布（雙層棉紗・格紋圖案）80cm寬70cm
B布（華夫格紋圖案）80cm寬70cm
C布（圓點織紋圖案）110cm寬230cm
鋪棉襯　110cm寬260cm
手縫繡線　淺褐色
●完成尺寸　長180×寬65cm

製圖

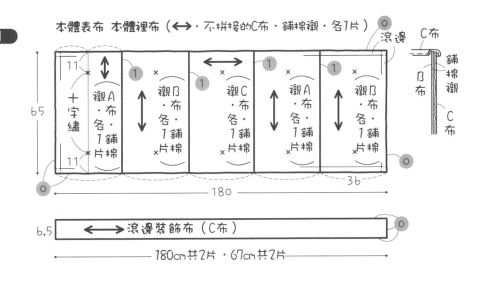

本體表布 本體裡布（←・不拼接的C布・鋪棉襯・各1片）

作法

1 燙貼鋪棉襯。

2 縫製本體表布。

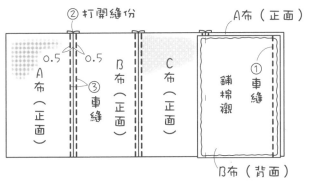

② 打開縫份　　　　　　　　　　A布（正面）
0.5　0.5
A布（正面）　③ 車縫　B布（正面）　C布（正面）　① 車縫　鋪棉襯
B布（背面）

滾邊裝飾布的縫製方式

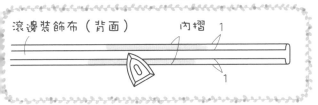

滾邊裝飾布（背面）　　　內摺 1
1

3 縫合本體表布與本體裡布，接著縫上橫向的滾邊裝飾布。

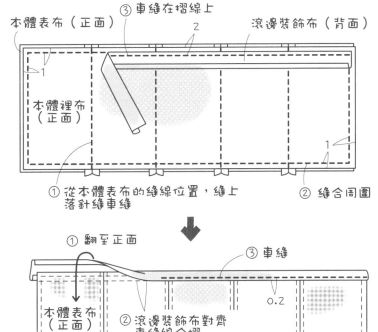

③ 車縫在摺線上
本體表布（正面）　2　滾邊裝飾布（背面）
本體裡布（正面）
1
① 從本體表布的縫線位置，縫上落針縫車縫
② 縫合周圍

① 翻至正面
③ 車縫
本體表布（正面）
② 滾邊裝飾布對齊車縫線合摺
0.2

4 縫上縱向的滾邊裝飾布。

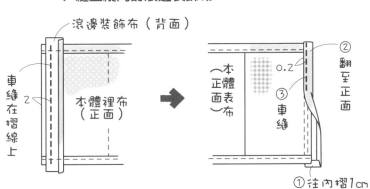

滾邊裝飾布（背面）
車縫在摺線上 2
本體裡布（正面）
② 0.2
③ 車縫
翻至正面
① 往內摺1cm

完成

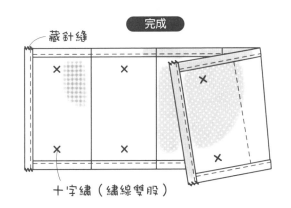

藏針縫
十字繡（繡線雙股）

＊製圖上的尺寸不包含縫份。請先預留●內的縫份尺寸後，再裁剪布料。

材料（收納袋）		**15**（小）	**16**（中）	**17**（大）
表布（棉・圖案布）		85cm寬120cm	90cm寬270cm	110cm寬300cm
裡布（亞麻・素面）		70cm寬120cm	110cm寬200cm	110cm寬300cm
圓繩　粗2mm		30cm	30cm	30cm
緞帶　18mm寬			240cm	320cm
鈕扣　直徑		15mm 4個	25mm 2個	30mm 2個
		22mm 2個		
●完成尺寸（高×寬×深）		30×40×20cm	35×60×55cm	30×105×75cm

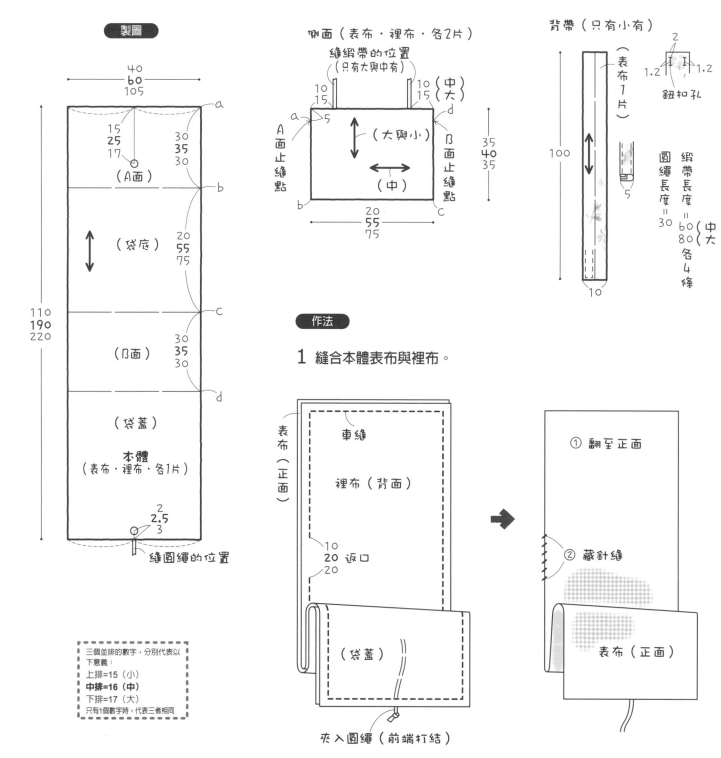

製圖

40
60
105

15
25
17

（A面）

30
35
30

a

b

（袋底）

20
55
75

110
190
220

c

（B面）

30
35
30

d

（袋蓋）

本體
（表布・裡布・各1片）

2
2.5
3

縫圓繩的位置

側面（表布・裡布・各2片）

縫緞帶的位置
（只有大與中有）

10
15

10
15（中大）

A面止縫點

5

（大與小）

（中）

B面止縫點

a

b

d

c

20
55
75

35
40
35

背帶（只有小有）

（表布1片）

100

10

2
1.2　1.2

鈕扣孔

圓繩長度＝30

緞帶長度＝60 80（中大）各4條

5

作法

1 縫合本體表布與裡布。

表布（正面）

車縫

裡布（背面）

10
20 返口
20

（袋蓋）

夾入圓繩（前端打結）

① 翻至正面

② 藏針縫

表布（正面）

三個並排的數字，分別代表以下意義：
上排=15（小）
中排=16（中）
下排=17（大）
只有1個數字時，代表三者相同

＊製圖上的尺寸不包含縫份。請先預留1cm的縫份後，再裁剪布料。

2 縫合側面的表布與裡布。

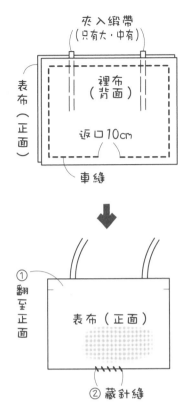

夾入緞帶
（只有大・中有）

表布（正面）

裡布
（背面）

返口10cm

車縫

① 翻至正面

表布（正面）

② 藏針縫

3 縫合本體與側面。

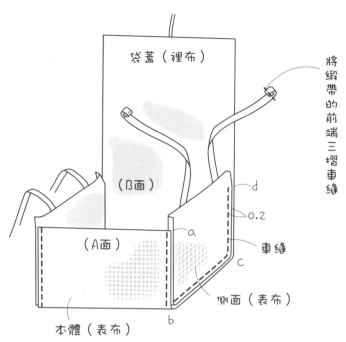

袋蓋（裡布）

（B面）

將緞帶的前端三摺車縫

d

0.2

a

車縫

（A面）

c

側面（表布）

本體（表布）

b

背帶的作法

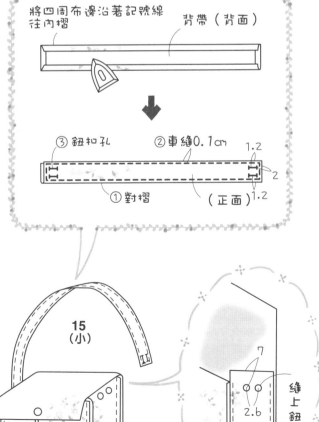

將四周布邊沿著記號線往內摺

背帶（背面）

③ 鈕扣孔　② 車縫0.1cm

1.2

① 對摺

（正面）

1.2

2

4 縫上鈕扣。

完成

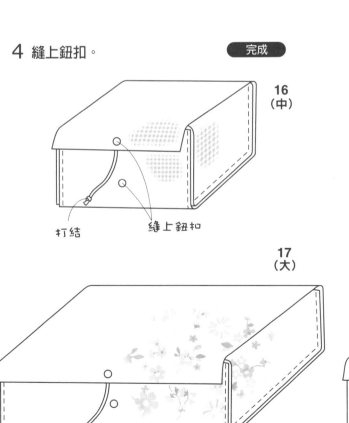

16
（中）

打結

縫上鈕扣

17
（大）

15
（小）

7

2.6

縫上鈕扣

第12頁的作品 **18**

■**18的材料**（壁掛袋）
A布（亞麻・素面）50㎝寬35㎝
B布（棉・大圓點圖案）35㎝寬25㎝
C布（棉・小圓點圖案）35㎝寬15㎝
鋪棉襯　25×30㎝
織帶　10㎜寬25㎝
●完成尺寸（不含布條）長28×寬20㎝

【製圖】

縫布條的位置

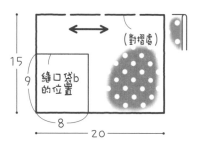

鋪棉襯
底布
口袋a
口袋b

底布
縫標籤布的位置
（A布2片・鋪棉襯1片）
縫口袋a的位置

28
15
20

口袋a（B布1片）

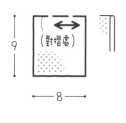

縫口袋b的位置
（對摺處）
15
9
8
20

口袋b（C布1片）

（對摺處）
9
8

標籤布（C布1片）

（對摺處）
2
8

作法　**1** 將口袋縫在底布上。

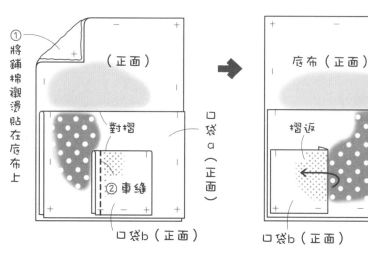

① 將鋪棉襯燙貼在底布上

（正面）
對摺
② 車縫
口袋a（正面）
口袋b（正面）

底布（正面）
摺返
口袋a（正面）
口袋b（正面）

2 縫合另一片底布。

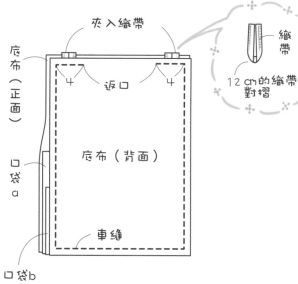

夾入織帶
底布（正面）
口袋a
4　返口　4
底布（背面）
車縫
口袋b

織帶
12㎝的織帶對摺

3 縫製、縫上標籤。

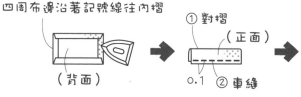

四周布邊沿著記號線往內摺

（背面）

① 對摺
（正面）
0.1　② 車縫

完成

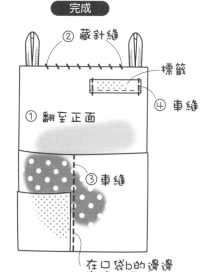

② 藏針縫
標籤
④ 車縫
① 翻至正面
③ 車縫
在口袋b的邊邊車縫一道線

＊製圖上的尺寸不包含縫份。請先預留1㎝的縫份後，再裁剪布料。

第12頁的作品 **19・20**

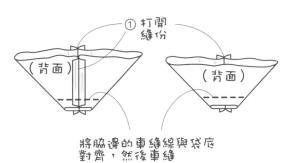製圖

■**19・20的材料**（束口包・一個的材料）
A布（**19**是亞麻・素面 **20**是棉・條紋圖案）50cm寬35cm
B布（**19**是棉・圓點圖案 **20**是棉・細格紋圖案）60cm寬35cm
圓繩 粗4mm 140cm
20的織帶 18mm寬90cm
●完成尺寸 長28×寬22×厚6cm

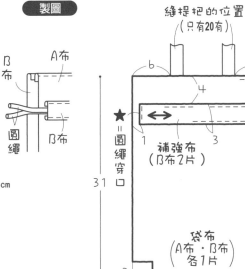

縫提把的位置
（只有**20**有）

B布 A布

圓繩 B布

★＝圓繩穿口

縫提把的位置（只有**20**有）

補強布（B布2片）

對摺處

袋布（A布・B布各1片）

31

3 3
3 3

（袋底）

22

20的提把長度＝43cm，2條
（布條）
圓繩長度＝170cm，2條
（布條）
針趾幅度＝0.1cm

作法

1 縫合袋布。

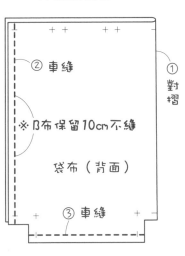

② 車縫
① 對摺
※B布保留10cm不縫
袋布（背面）
③ 車縫

2 縫合兩側邊的檔邊。

① 打開縫份
（背面）
（背面）

將脇邊的車縫線與袋底對齊，然後車縫

3 縫合袋布A布與B布。

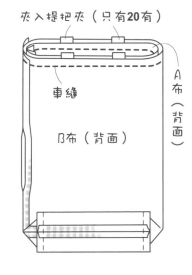

夾入提把夾（只有**20**有）

車縫

B布（背面）

A布（背面）

4 縫製補強布。

① 沿著記號線摺
（背面）
0.1
② 車縫

沿著記號線摺

5 縫上補強布，穿上圓繩。

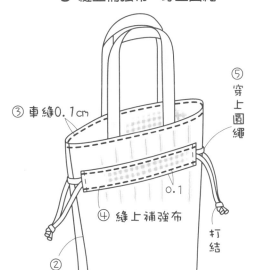

③ 車縫0.1cm
⑤ 穿上圓繩
④ 縫上補強布
0.1
② 縫用合藏返針口縫
① 翻至正面
打結
20

完成

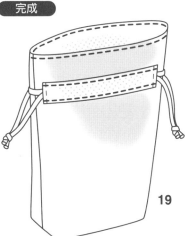

19

＊製圖上的尺寸不包含縫份。請先預留1cm的縫份後，再裁剪布料。

■**25的材料**（收納布籃）
A布（棉‧細條紋圖案）90cm寬35cm
B布（棉‧粗條紋圖案）90cm寬90cm
C布（棉‧素面）80cm寬35cm
鋪棉襯　110×95cm
●完成尺寸　高28×底的直徑32cm

作法　**1** 拼接籃身表布。

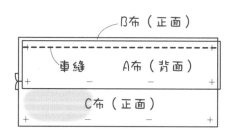

製圖

籃身裡布（不拼接的B布2片‧鋪棉襯2片）

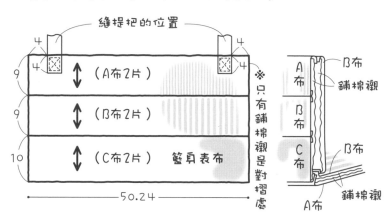

提把
（C布2片）

30　（不留縫份）

12

3
0.2

直徑32cm

對摺處 ←→

籃底（A布‧B布‧各1片
鋪棉襯2片）

2 縫合單邊的脇邊。

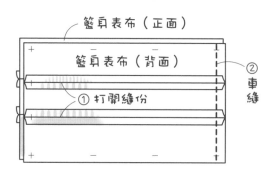

3 在籃身燙貼鋪棉襯。

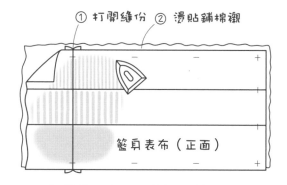

★ 籃身裡布以同樣方式縫製

4 縫合另一邊的脇邊。

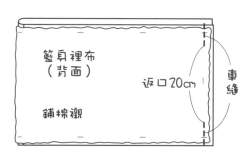

籃身裡布
（背面）

返口20cm

車縫

鋪棉襯

＊製圖上的尺寸不包含縫份。除了提把以外，其餘請先預留1cm的縫份後，再裁剪布料。

5 縫合籃底與籃身，縫製成本體。

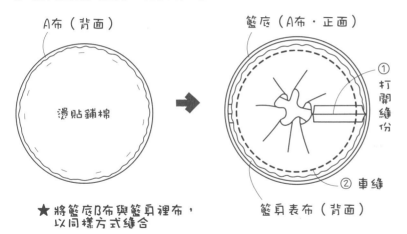

A布（背面）

湯貼鋪棉

★ 將籃底B布與籃身裡布，
以同樣方式縫合

籃底（A布‧正面）

① 打開縫份
② 車縫

籃身表布（背面）

6 縫合本體表布與本體裡布。

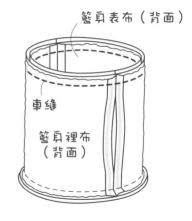

籃身表布（背面）

車縫

籃身裡布
（背面）

7 縫製、縫上提把。

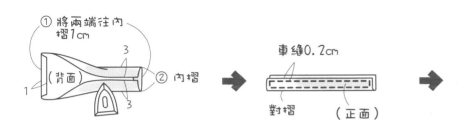

① 將兩端往內摺1cm

（背面）

② 內摺

車縫0.2cm

對摺　（正面）

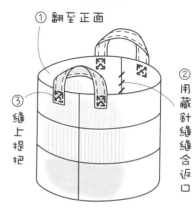

完成

① 翻至正面
② 用藏針縫縫合返口
③ 縫上提把

第16頁的作品 **27**

■**27的材料**（桌巾）
表布（棉麻混紡‧花朵圖案）105cm寬105cm
●完成尺寸　長100×寬100cm

＊三摺車縫＊

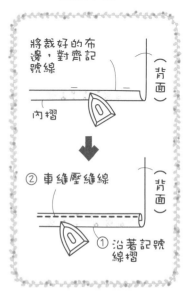

將裁好的布邊，對齊記號線

內摺

（背面）

② 車縫壓縫線

① 沿著記號線摺

（背面）

製圖

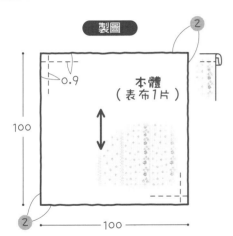

0.9

本體
（表布1片）

100

100

②

②

作法

將四周布邊三摺車縫

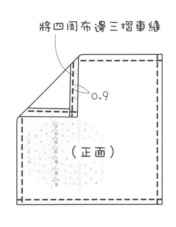

0.9

（正面）

＊製圖上的尺寸不包含縫份。請先預留●內的縫份尺寸後，再裁剪布料。

55

第15頁的作品 26

■**26的材料**（報紙收納袋）
A布（棉麻混紡・素面）95cm寬55cm
B布（棉・條紋圖案）60cm寬85cm
C布（棉・細格紋圖案）95cm寬80cm
●完成尺寸　長35×寬31×厚22cm

製圖

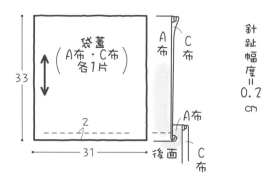

袋蓋
（A布・C布
各1片）
33
31
2
A布　C布
A布
C布
後面
針跡幅度＝0.2cm

袋身裡布A・B（不拼接的C布各2片）

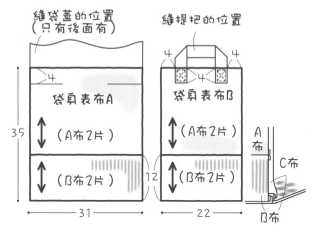

縫袋蓋的位置
（只有後面有）
縫提把的位置
4
4　4
4
袋身表布A
（A布2片）
（B布2片）
35
31

袋身表布B
（A布2片）
（B布2片）
12
22
A布　C布
B布

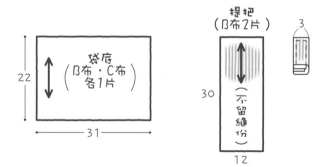

袋底
（B布・C布
各1片）
22
31

提把
（B布2片）
30
（不留縫份）
12
3

作法

1 拼接袋身表布。

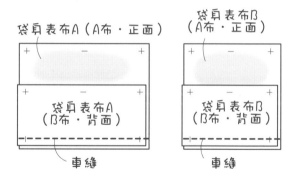

袋身表布A（A布・正面）
袋身表布A
（B布・背面）
車縫

袋身表布B
（A布・正面）
袋身表布B
（B布・背面）
車縫

2 縫合袋身表布A、B。

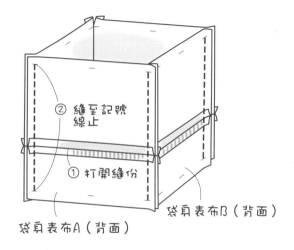

② 縫至記號線止
① 打開縫份
袋身表布A（背面）
袋身表布B（背面）

3 縫合袋身裡布A、B。

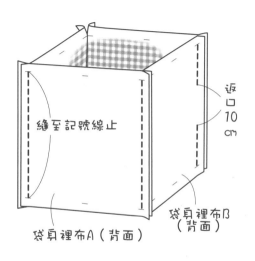

縫至記號線止
返口10cm
袋身裡布A（背面）
袋身裡布B（背面）

＊製圖上的尺寸不包含縫份。除了提把以外，其餘請先預留1cm的縫份後，再裁剪布料。

4 縫合袋身與袋底，縫製成本體表布與本體裡布。

5 縫合本體表布與本體裡布。

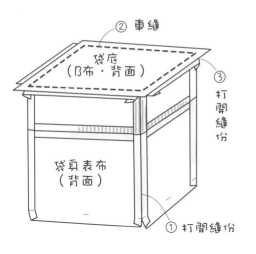

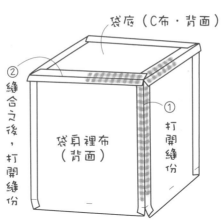

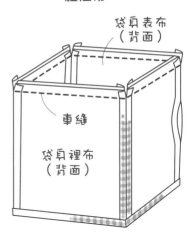

② 車縫
袋底
（B布·背面）
③ 打開縫份
袋身表布
（背面）
① 打開縫份

袋底（C布·背面）
② 縫合之後，打開縫份
袋身裡布
（背面）
① 打開縫份

袋身表布
（背面）
車縫
袋身裡布
（背面）

6 縫製袋蓋，並將袋蓋縫在袋身。

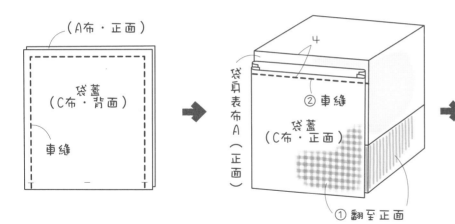

（A布·正面）
袋蓋
（C布·背面）
車縫

袋身表布A（正面）
4
② 車縫
袋蓋
（C布·正面）
① 翻至正面

① 摺返
袋蓋
（A布·正面）
2
② 車縫

7 縫製、縫上提把。

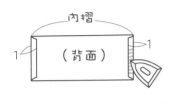

內摺
（背面）
1

（正面）
對摺

將布邊對齊正中間的摺線，然後內摺

（正面）

車縫0.2cm
（正面）
對摺

完成

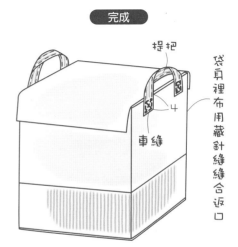

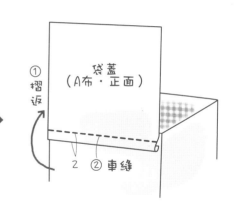

提把
車縫
袋身裡布用藏針縫縫合返口

■**30的材料**（桌巾）
A布（棉·印花）110cm寬160cm
B布（棉麻混紡·素面）55cm寬190cm
●完成尺寸　長126×寬170cm

製圖

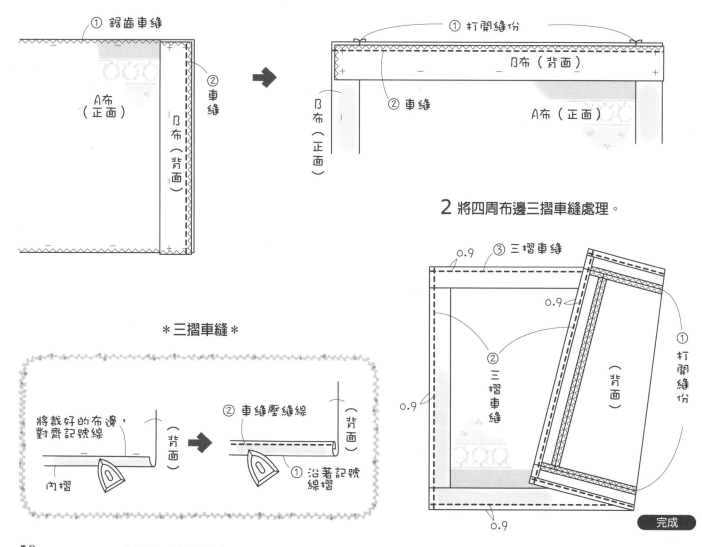

作法

1 縫合A布與B布。

① 鋸齒車縫
A布（正面）
B布（背面）
② 車縫

① 打開縫份
② 車縫
B布（正面）
B布（背面）
A布（正面）

2 將四周布邊三摺車縫處理。

＊三摺車縫＊

將裁好的布邊，對齊記號線
內摺
（背面）

② 車縫壓縫線
① 沿著記號線摺
（背面）

③ 三摺車縫
② 三摺車縫
（背面）
① 打開縫份
0.9

完成

＊製圖中●內的數字為縫份尺寸。未指定的部分，請先預留1cm的縫份後，再裁剪布料。

第16頁的作品 **28．29**

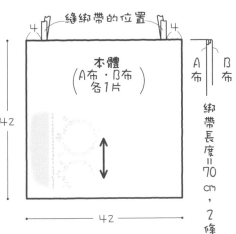

■**28．29的材料**（椅墊．一個的材料）
A布（棉．印花）50cm寬50cm
B布（棉麻混紡．素面）50cm寬50cm
綁帶　18mm寬140cm
椅墊內芯（有固定縫）42×42cm 1個
手縫繡線　淺褐色
●完成尺寸　長42×寬42cm

製圖

縫綁帶的位置

本體
（A布．B布
各1片）

4　　4

42

A布　B布

綁帶長度＝70cm，2條

42

作法

將綁帶對摺夾入

8　　返口　　8

B布（背面）

A布（正面）

車縫

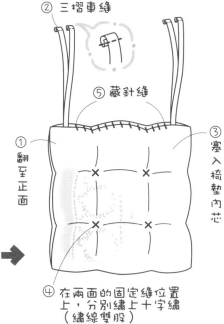

② 三摺車縫

⑤ 藏針縫

① 翻至正面

③ 塞入椅墊內芯

④ 在兩面的固定縫位置上，分別繡上十字繡（繡線雙股）

完成

第18頁的作品 **31**

■**31的材料**（袖套）
表布（亞麻．小格紋圖案）80cm寬40cm
鬆緊帶　6mm寬110cm
●完成尺寸　長31cm

作法

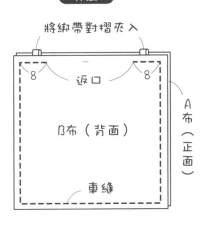

對摺

② 縫至記號線為止

① 鋸齒車縫

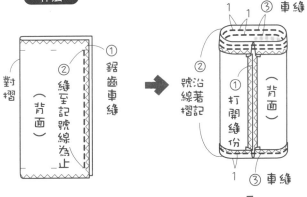

② 沿號線著摺記

① 打開縫份

背面

③ 車縫

1　1

1

1

製圖

穿上16cm長的鬆緊帶

袖口

2.5

1
1

31

本體（表布2片）

穿上22cm長的鬆緊帶

1

35

1.5

鬆緊帶

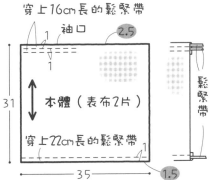

② 重疊1cm車縫

① 穿上鬆緊帶

背面

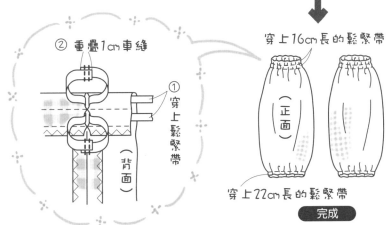

穿上16cm長的鬆緊帶

正面

穿上22cm長的鬆緊帶

完成

＊製圖中●內的數字為縫份尺寸。未指定的部分，請先預留1cm的縫份後，再裁剪布料。

第13頁的作品 **21・22・23**

材料（置物盒）	21（大）	22（中）	23（小）
A布	（格紋圖案）30×30cm	（素面）25×25cm	（圓點圖案）25×25cm
B布	（素面）30×30cm	（花朵圖案）25×25cm	（素面）25×25cm
鋪棉襯	30×30cm	25×25cm	25×25cm
織帶　8mm寬	25cm	20cm	20cm
●完成尺寸（高×底）	6.5×12×12cm	5.5×10×10cm	5×8×8cm

【製圖】

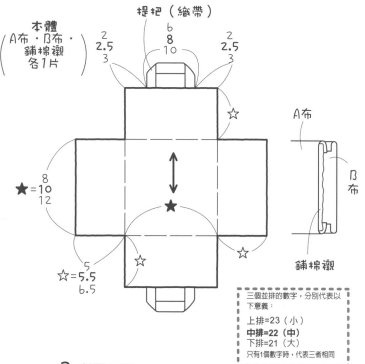

本體
（A布・B布・
鋪棉襯
各1片）

提把（織帶）

6
8
10

2
2.5
3

2
2.5
3

☆

★＝ 8
10
12

☆＝ 5
5.5
6.5

☆

A布

B布

鋪棉襯

三個並排的數字，分別代表以
下意義：
上排=23（小）
中排=22（中）
下排=21（大）
只有1個數字時，代表三者相同

【作法】

1 對齊A布與B布，然後將四周縫合。

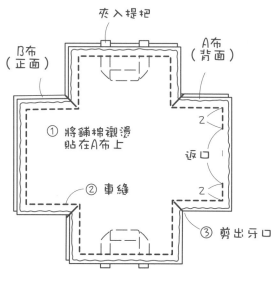

夾入提把

B布
（正面）

A布
（背面）

① 將鋪棉襯燙
貼在A布上

② 車縫

2

返口

2

③ 剪出牙口

2 翻至正面。

A布
（正面）

① 翻至正面

② 藏針縫

B布（正面）

3 縫合四角。

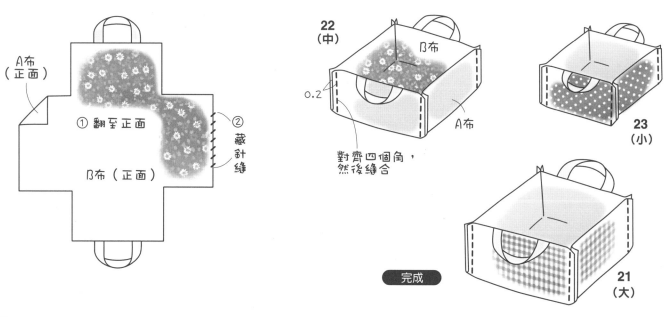

22
（中）

B布

0.2

A布

對齊四個角，
然後縫合

23
（小）

【完成】

21
（大）

＊製圖上的尺寸不包含縫份。請先預留1cm的縫份後，再裁剪布料。

■ **34的材料**（塑膠袋收納壁袋）
A布（棉麻混紡・素面）45cm寬45cm
B布（棉・細格紋圖案）40cm寬15cm
織帶　7mm寬70cm
鈕扣　直徑18mm　1個
●完成尺寸　長35×寬18×厚6cm

製圖

10
滾邊裝飾布
（B布1片）
38

滾邊裝飾布
繩帶・鈕扣
（後面・背面）
繩帶
（織帶）
13
2
B布
藏針縫
滾邊4cm
織帶
織帶
A布

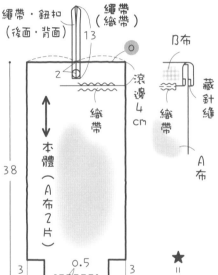

本體（A布2片）
38
本體
3　0.5　3
3　2　★　2　3
18
★＝抽取口

作法

1 縫製抽取口。

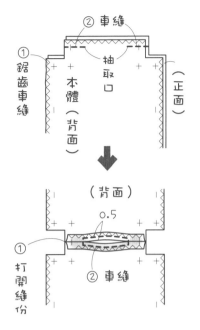

② 車縫
① 鋸齒車縫
抽取口
本體（背面）
（正面）

（背面）
0.5
① 打開縫份
② 車縫

2 縫合兩脇邊。

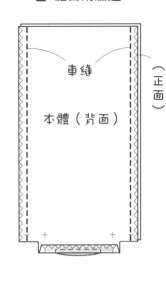

車縫
本體（背面）
（正面）

3 縫合檔邊。

① 打開縫份
② 車縫
（背面）
③ 將兩片一起做鋸齒車縫

4 製作滾邊裝飾布。

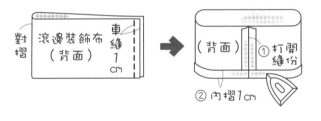

對摺
滾邊裝飾布（背面）
車縫1cm

（背面）
① 打開縫份
② 內摺1cm

5 縫上滾邊裝飾布。

3
車縫
1
本體（正面）
滾邊裝飾布（背面）

車縫
布環
① 藏針縫
本體（背面）

織帶
摺1cm

6 縫上織帶，開鈕扣孔。

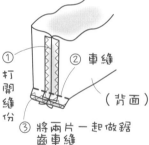

後面
1　內摺1cm

③ 縫上鈕扣
① 縫上織帶
② 鈕扣孔從正面開
本體（正面）

完成

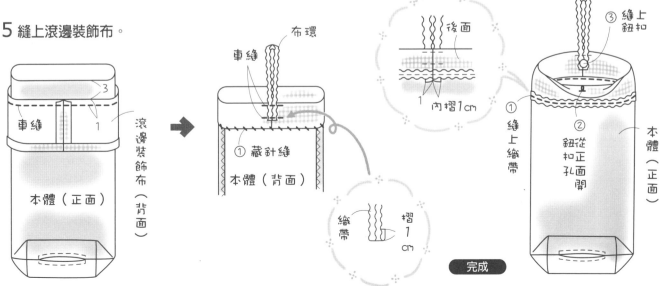

＊製圖中●內的數字為縫份尺寸。未指定的部分，請先預留1cm的縫份後，再裁剪布料。

作法

1 縫製滾邊裝飾布。

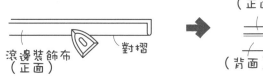

（正面）　將布邊對齊摺線

滾邊裝飾布
（正面）　對摺

（正面）
（背面）　摺線　內摺

■ **37・39的材料**（長深型置物袋·一個的材料）
表布（棉·細格紋圖案）40cm寬40cm
不同色系的其他布料（亞麻·素面）70cm寬15cm
●完成尺寸　長35×寬17cm

■ **38的材料**（長深型置物袋）
表布（亞麻·素面）40cm寬40cm
不同色系的其他布料（棉·細格紋圖案）70cm寬15cm
●完成尺寸　長35×寬17cm

2 縫上滾邊裝飾布A。

對齊布邊，並且在
摺線上車縫

滾邊裝飾布A
（背面）

袋布（正面）

① 翻至背面

（正面）

0.1

② 車縫

（正面）

3 縫上滾邊裝飾布B·提把。

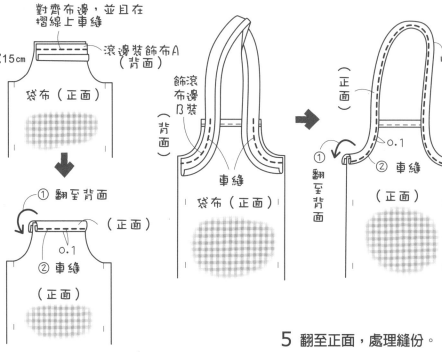

飾滾
布邊
B裝

（背面）

車縫
袋布（正面）

內摺

（正面）

0.1

① 翻至背面

② 車縫

（正面）

製圖

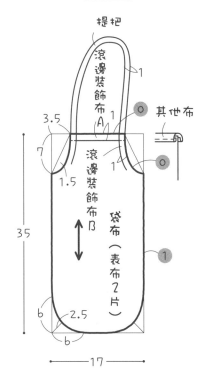

提把

滾邊裝飾布A

3.5　　1
7　　　　滾邊裝飾布B
1.5
35　　　袋布（表布2片）
6　　2.5
6
— 17 —

其他布

①

滾邊裝飾布A
（其他布2片）　4
— 10 —

滾邊裝飾布B·提把
（其他布2片）
4
— 60 —

4 縫合袋布。

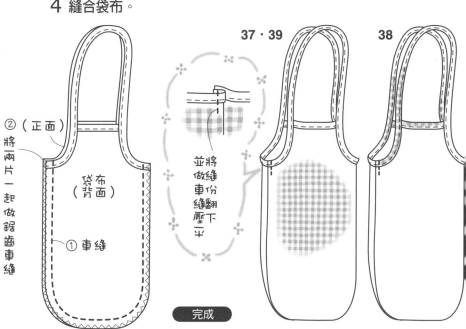

② （正面）

將兩片一起做鋸齒車縫

袋布（背面）

① 車縫

並將做縫份翻縫壓下平

5 翻至正面，處理縫份。

37・39　　**38**

完成

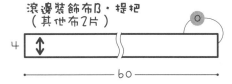

＊製圖上的尺寸不包含縫份。請先預留●內的縫份尺寸後，再裁剪布料。

製圖

滾邊裝飾布
（B布2片）

12

37

3

0.2

提把
（B布2片）

34

12

■ **40・41的材料**（托特包型置物袋‧一個的材料）
A布（黃麻布‧素面）65cm寬45cm
B布（棉‧細格紋圖案）65cm寬40cm
●完成尺寸　長20×底15×20cm

縫提把的位置
（背面）

10　　　10

3　　　3

20

袋身（A布2片）

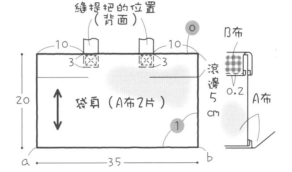

a　　　35　　　b

B布

0.2

A布

滾邊5cm

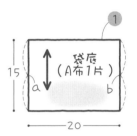

15

袋底
（A布1片）

a　　　b

20

作法

1 縫上滾邊裝飾布。

內摺1cm

滾邊裝飾布（背面）

內摺1cm

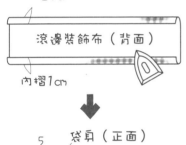

5

袋身（正面）

車縫1cm　滾邊裝飾布（背面）

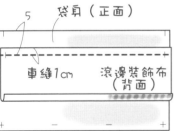

① 翻至背面

（正面）

② 車縫0.2cm　（正面）

2 縫製提把。

① 將兩端往內摺1cm

3

（背面）

3

② 內摺

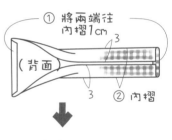

② 車縫0.2cm

（正面）

① 往內側摺返

3 縫上提把，縫合兩側邊。

① 縫上提把

袋身（背面）

② 車縫

③ 將兩片一起做鋸齒車縫

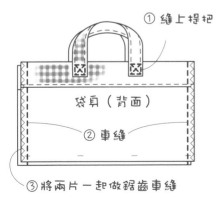

4 縫合袋身與袋底。

③ 將以縫份縫壓方平式，

② 將鋸齒兩車片縫一起做

袋身（背面）

① 車縫

袋底（正面）

在側邊的角落剪出牙口

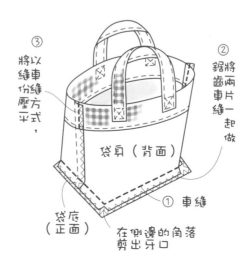

完成

翻至正面

＊製圖上的尺寸不包含縫份。請先預留●內的縫份尺寸後，再裁剪布料。

第26頁的作品 **42**

■ **42的材料**（隔熱手套）
表布（棉麻混紡・花朵圖案）45cm寬30cm
裡布（棉麻混紡・素面）45cm寬30cm
鋪棉襯　45×30cm
斜布條（滾邊裝飾布）10mm寬30cm
●完成尺寸　長27.5cm
●原寸紙型請見第65頁

●原寸紙型請見第65頁

作法

1 縫製布耳。

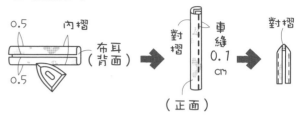

2 縫製本體。
（以同樣方式縫製裡布。）

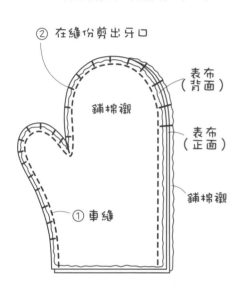

② 在縫份剪出牙口

表布（背面）
鋪棉襯
表布（正面）
鋪棉襯
① 車縫

3 將本體表布與裡布重疊，並在手套口縫上滾邊。

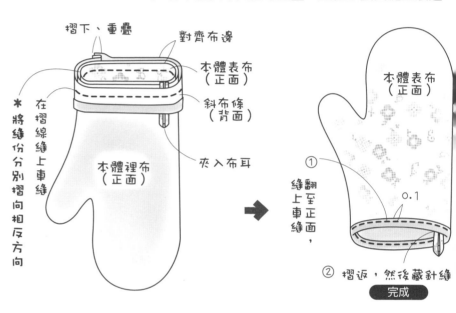

摺下、重疊
對齊布邊
本體表布（正面）
斜布條（背面）
夾入布耳
＊將縫份分別摺向相反方向
在摺線縫上車縫
本體裡布（正面）

本體表布（正面）
①
0.1
② 摺返，然後藏針縫
縫翻上至車正縫面，

完成

第27頁的作品 **43**

■ **43的材料**（三角頭巾）
表布（棉麻混紡・花朵圖案）70cm寬35cm
斜布條（滾邊裝飾布）10mm寬130cm
●完成尺寸　寬60×長30cm

作法

② 對齊布邊，在摺線縫上車縫

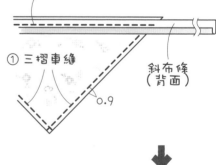

① 三摺車縫
斜布條（背面）
0.9

＊三摺車縫＊

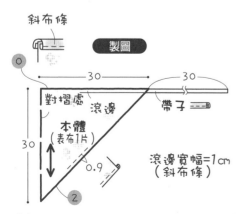

斜布條
製圖
○
30　30
對摺處　滾邊
帶子
本體（表布1片）
30
0.9
②
滾邊寬幅=1cm（斜布條）

將裁好的布邊，對齊記號線
內摺
（背面）
② 車縫壓縫線
① 沿著記號線摺
（背面）

將斜布條摺返，然後做車縫

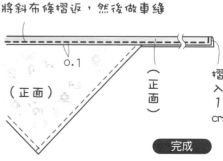

0.1
（正面）
（正面）
摺入1cm

完成

＊紙型・製圖上的尺寸不包含縫份。請先預留●內的縫份尺寸後，再裁剪布料。

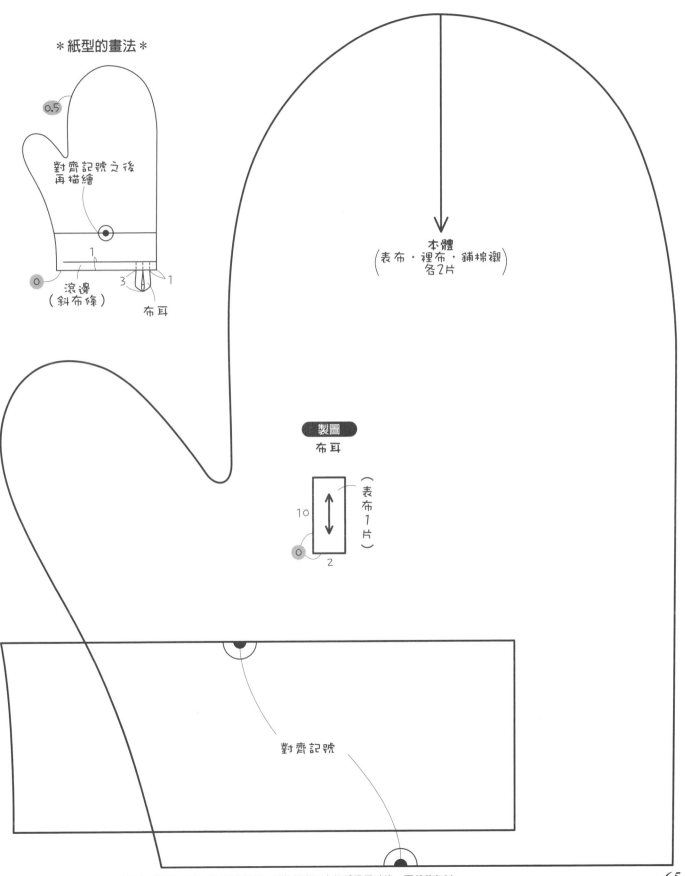

＊紙型的畫法＊

0.5

對齊記號之後
再描繪

滾邊
（斜布條）

布耳

1

3   1

本體
（表布・裡布・鋪棉襯
各2片）

製圖
布耳

10

（表布1片）

2

對齊記號

＊紙型・製圖上的尺寸不包含縫份。請先預留●內的縫份尺寸後，再裁剪布料。

■ **44的材料**（圍裙）
A布（棉麻混紡・花朵圖案）105cm寬90cm
B布（棉麻混紡・素面）111cm寬50cm
●胸襠至裙襬的長度　83cm

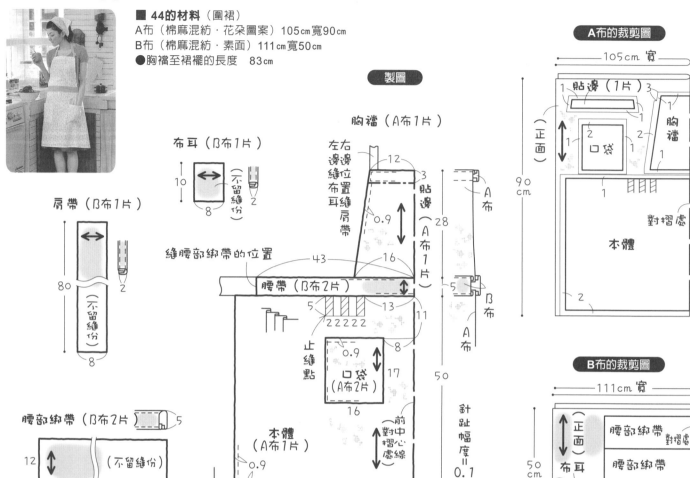

製圖

胸襠（A布1片）

布耳（B布1片）

肩帶（B布1片）

腰部綁帶（B布2片）

A布的裁剪圖

B布的裁剪圖

作法

1 縫製、縫上口袋。

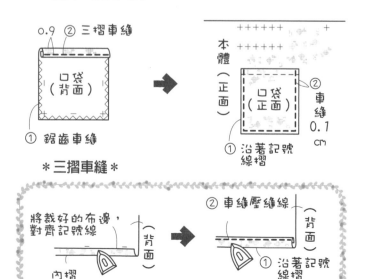

＊三摺車縫＊

2 縫製腰部綁帶。

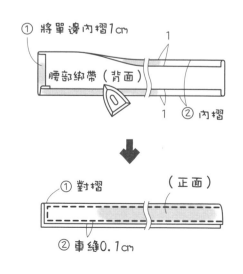

＊製圖上的尺寸不包含縫份。請先預留裁剪圖的縫份後，再裁剪布料。

3 縫製布耳。

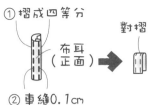

① 摺成四等分
布耳（正面）
對摺

② 車縫0.1cm

4 縫製肩帶。

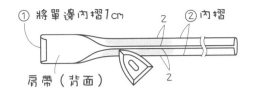

① 將單邊內摺1cm
2
② 內摺
2

肩帶（背面）

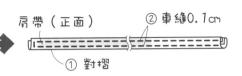

肩帶（正面）
② 車縫0.1cm
① 對摺

5 縫製胸襠。

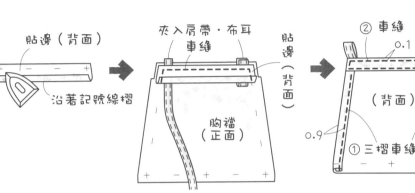

貼邊（背面）
沿著記號線摺

夾入肩帶・布耳
車縫
貼邊（背面）
胸襠（正面）

② 車縫
0.1
貼邊（背面）
（背面）
0.9
① 三摺車縫

6 縫製本體。

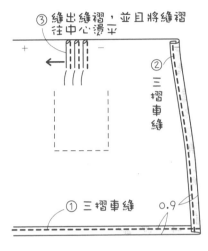

③ 縫出縫褶，並且將縫褶往中心邊平
② 三摺車縫
① 三摺車縫
0.9

7 縫合胸襠、腰帶、本體、腰部綁帶。

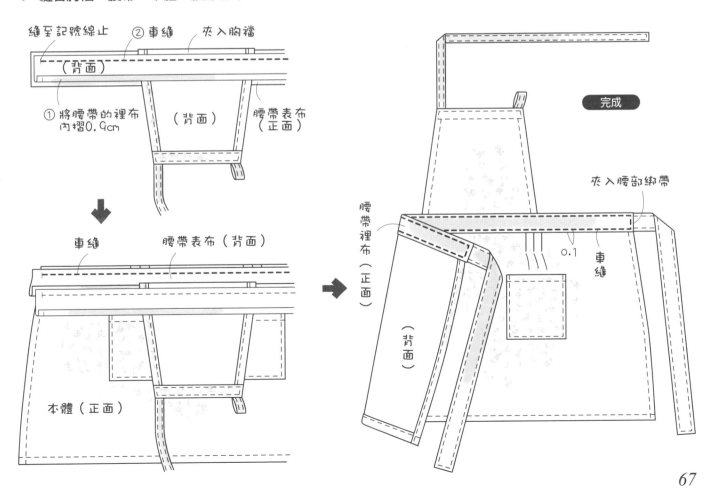

縫至記號線止
② 車縫
夾入胸襠
（背面）
① 將腰帶的裡布內摺0.9cm
（背面）
腰帶表布（正面）

車縫
腰帶表布（背面）
本體（正面）

完成

夾入腰部綁帶

腰帶裡布（正面）
0.1
車縫
（背面）

■**46的材料**（餐具包）
A布（亞麻・素面）70cm寬30cm
B布（雙層棉紗布・格紋圖案）70cm寬30cm
蕾絲　10mm寬30cm
鈕扣　直徑11mm 1個
繩子　粗1.5mm 70cm
●完成尺寸　長25×寬30cm
●B布使用正背面分別為大格紋圖案與小格紋
圖案的雙層棉紗布。

作法

1 將蕾絲、口袋與袋蓋，分別縫在本體上。

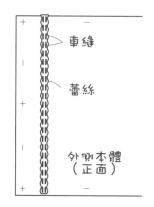

車縫
蕾絲
外側本體
（正面）

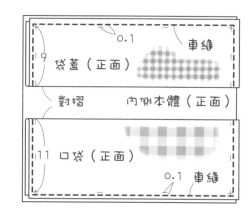

0.1　車縫
袋蓋（正面）
對摺　內側本體（正面）
11 口袋（正面）
0.1　車縫

製圖

本體（A布2片）

9
25
11
30

縫袋蓋的位置
（內側）
縫口袋的位置
（內側）
蕾絲（外側）
（外側）
3
縫鈕扣・繩子的位置

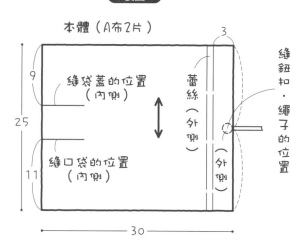

口袋（B布1片・大格紋圖案的一面）
袋蓋（B布1片・小格紋圖案的一面）

袋蓋為18cm
口袋為22cm

對摺線
繩子的長度=70cm

間隔5cm的距離，車縫壓縫線（只有口袋有）
30

2 縫合外側與內側的本體。

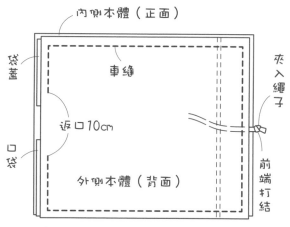

內側本體（正面）
袋蓋
口袋
車縫
返口10cm
外側本體（背面）
夾入繩子
前端打結

3 翻至正面，在口袋車縫壓縫線。

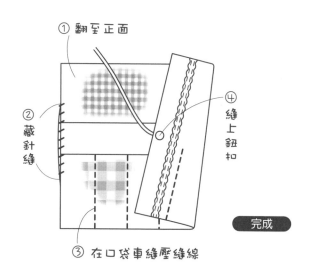

① 翻至正面
② 藏針縫
④ 縫上鈕扣
③ 在口袋車縫壓縫線

完成

＊製圖上的尺寸不包含縫份。請先預留1cm的縫份後，再裁剪布料。

第28頁的作品 **45**

■ **45的材料**（萬用方巾）
表布（雙層棉紗布・格紋圖案）60㎝寬60㎝
蕾絲　10㎜寬30㎝
刺繡徽章　1個
●完成尺寸　長50×寬50㎝

第28頁的作品 **45**

製圖

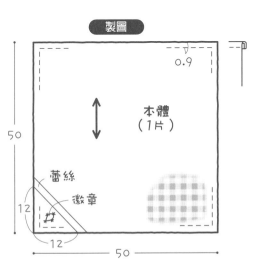

0.9

本體
（1片）

50

蕾絲
徽章

12

12

50

＊製圖上的尺寸不包含縫份。請先預留2㎝的縫份後，再裁剪布料。

作法

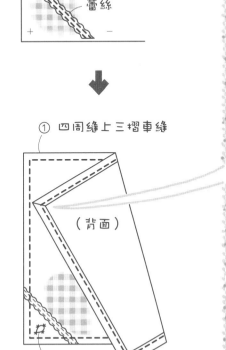

（正面）

車縫
蕾絲

① 四周縫上三摺車縫

（背面）

② 燙貼徽章　**完成**

＊三摺車縫＊

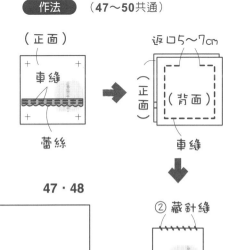

3　剪下
3
＋

（背面）

角落記號

內摺

（背面）

內摺

（背面）

將裁好的布邊，對齊記號線

① 沿著記號線摺

0.9

② 車縫

第29頁的作品 **47～50**

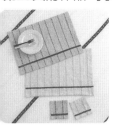

材料 （一個的材料）	**47・48** （餐墊）	**49・50** （杯墊）
表布（棉・條紋圖案）	100㎝寬35㎝	30㎝寬15㎝
蕾絲　10㎜寬	50㎝	15㎝
●完成尺寸（長×寬）	30×44㎝	11×11㎝

第29頁的作品 **47～50**

作法　（47～50共通）

（正面）

車縫

蕾絲

返口5～7㎝

（正面）

（背面）

車縫

② 藏針縫

① 翻至正面

49・50

製圖　**47・48**

本體（2片）

30

蕾絲

6

44

49・50

本體（2片）

蕾絲

11

11

3

完成　**47・48**

＊製圖上的尺寸不包含縫份。請先預留1㎝的縫份後，再裁剪布料。

■ **55的材料**（咖啡簾）
表布（薄棉紗）102㎝寬70㎝
●完成尺寸　長45×寬98㎝

製圖

針跡幅度＝0.1㎝

穿竿環（7片）2

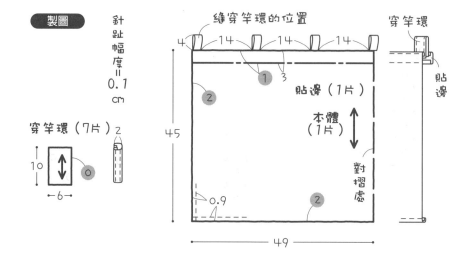

縫穿竿環的位置

穿竿環

4　14　14　14

① 3

貼邊（1片）

貼邊

45

本體（1片）

對摺處

0.9

49

作法

1 縫製穿竿環。

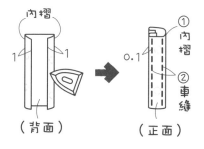

內摺

1　1

（背面）

0.1

①內摺
②車縫

（正面）

＊三摺車縫＊

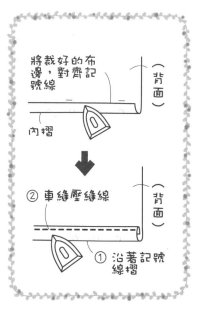

將裁好的布邊，對齊記號線

（背面）

內摺

②車縫壓縫線

（背面）

①沿著記號線摺

2 將周圍布邊以三摺車縫處理，並縫上穿竿環、做貼邊。

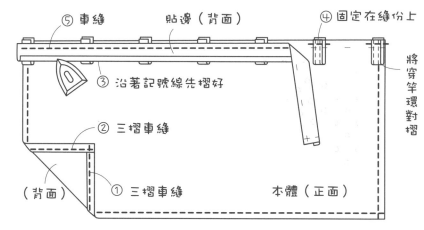

⑤ 車縫　　貼邊（背面）　　④ 固定在縫份上

③ 沿著記號線先摺好

將穿竿環對摺

② 三摺車縫

（背面）　　① 三摺車縫　　本體（正面）

3 摺返貼邊，處理布邊。

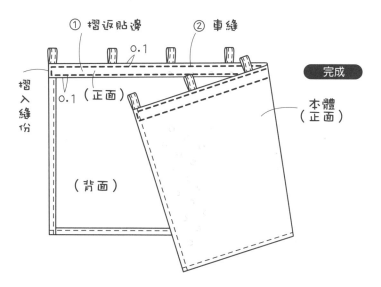

① 摺返貼邊　　② 車縫

0.1

摺入縫份

0.1（正面）

完成

本體（正面）

（背面）

＊製圖上的尺寸不包含縫份。請先預留●內的縫份尺寸後，再裁剪布料。

■ **56的材料**（條紋門簾）
表布（棉・條紋圖案）90cm寬170cm
●完成尺寸　長150×寬80cm

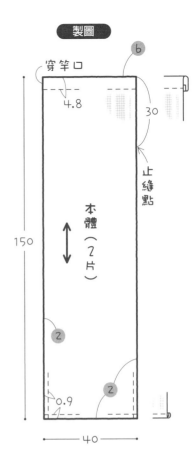

穿竿口
4.8
30
止縫點
150
本體（2片）
0.9
40
2
2
b

作法

＊三摺車縫＊

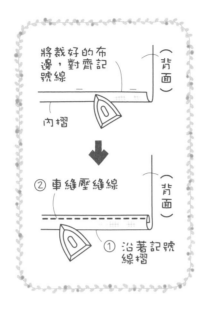

將裁好的布邊，對齊記號線
（背面）
內摺

② 車縫壓縫線
（背面）
① 沿著記號線摺

1 縫合左右兩片本體。

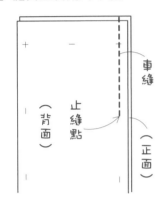

車縫
止縫點
（背面）
（正面）

2 將四周布邊以三摺車縫處理。

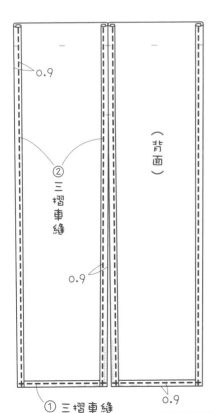

0.9
②
三摺車縫
（背面）
0.9
① 三摺車縫
0.9

3 縫製穿竿的部分。

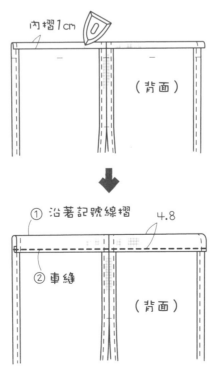

內摺1cm
（背面）

① 沿著記號線摺　4.8
② 車縫
（背面）

完成

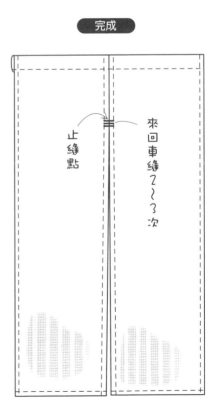

止縫點
來回車縫2～3次

＊製圖上的尺寸不包含縫份。請先預留●內的縫份尺寸後，再裁剪布料。

第36頁的作品 **58**

■**58的材料**（大格紋枕頭套）
表布（棉麻混紡·大格紋圖案）90cm寬95cm
●尺寸　43×63cm用

作法

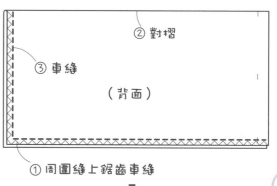

② 對摺

③ 車縫

（背面）

① 周圍縫上鋸齒車縫

製圖

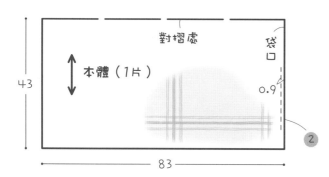

對摺處

袋口

本體（1片）

43

0.9

83

②

① 翻至正面　② 三摺車縫

0.9

打開縫份

（背面）　摺 1 cm

車縫 0.9 cm　沿著記號線摺

第40頁的作品 **67·68·69**

■**67·68的材料**（香氛袋·一個的材料）
A布（亞麻·素面）15cm寬10cm
B布（棉·圓點圖案）15cm寬10cm
波浪織帶　7mm寬20cm
手工藝棉　適量
●完成尺寸　長9.5×寬6cm

■**69的材料**（香氛袋）
表布（亞麻·素面）20cm寬15cm
波浪織帶　7mm寬20cm
刺繡徽章　1個
手工藝棉　適量
●完成尺寸　長9.5×寬7.5cm

製圖

波浪織帶

67·68

9

6.5

本體

（A布 1片）

3

（B布 1片）

12

波浪織帶

69

9

9.5

徽章

本體（1片）

0.5　0.8

15

作法（67〜69共通）

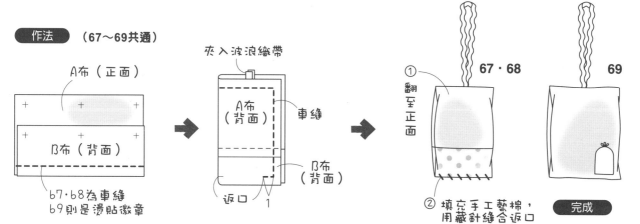

A布（正面）

B布（背面）

67·68為車縫
69則是燙貼徽章

夾入波浪織帶

A布（背面）　車縫

B布（背面）

返口　1

① 翻至正面　**67·68**

69

② 填充手工藝棉，
用藏針縫合返口

完成

72　＊製圖中●內的數字為縫份尺寸。未指定的部分，請先預留1cm的縫份後，再裁剪布料。

■**59的材料**（裝飾邊枕頭套）
A布（亞麻・素面）70㎝寬50㎝
B布（棉・花朵圖案）110㎝寬60㎝
C布（棉・粉紅色）80㎝寬15㎝
●尺寸　43×63㎝用

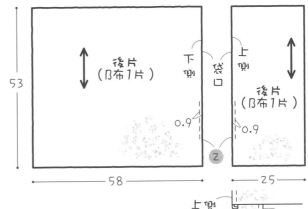

A布　B布
（C布1片）5
0.1
53
B布1片　B布1片
5　5
前片（A布1片）
（C布1片）5
73

後片（B布1片）
下側　袋口　上側
後片（B布1片）
0.9　0.9
2
53
58　25
上側　下側
重疊10㎝

作法

1 縫合前片與拼接布。

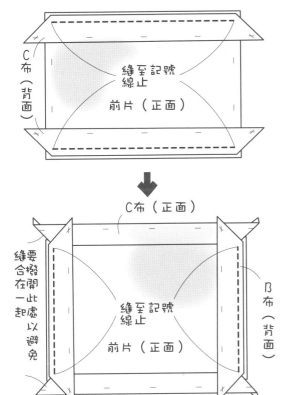

C布（背面）
縫至記號線止
前片（正面）

C布（正面）
縫要合撥在開一此起處以避免
縫至記號線止
前片（正面）
B布（背面）

三摺車縫

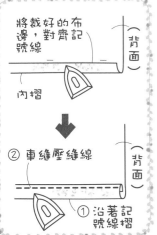

將裁好的布邊，對齊記號線
（背面）
內摺

② 車縫壓縫線
（背面）
① 沿著記號線摺

2 縫合拼接布的邊角。

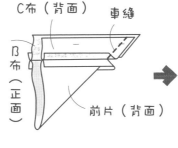

C布（背面）
車縫
B布（正面）
前片（背面）

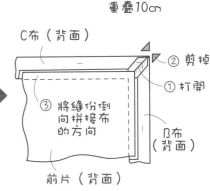

C布（背面）
② 剪掉
① 打開
③ 將縫份倒向拼接布的方向
B布（背面）
前片（背面）

3 縫合前片與後片。

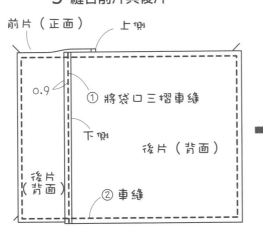

前片（正面）　上側
0.9
① 將袋口三摺車縫
下側
後片（背面）
後片（背面）
② 車縫

完成

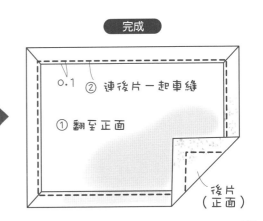

0.1
② 連後片一起車縫
① 翻至正面
後片（正面）

＊製圖中●內的數字為縫份尺寸。未指定的部分，請先預留1㎝的縫份後，再裁剪布料。

■**60的材料**（圓點圖案枕頭套）
A布（雙層棉紗布・圓點圖案）95cm寬70cm
B布（棉・花朵圖案）95cm寬35cm
●尺寸　43×63cm用

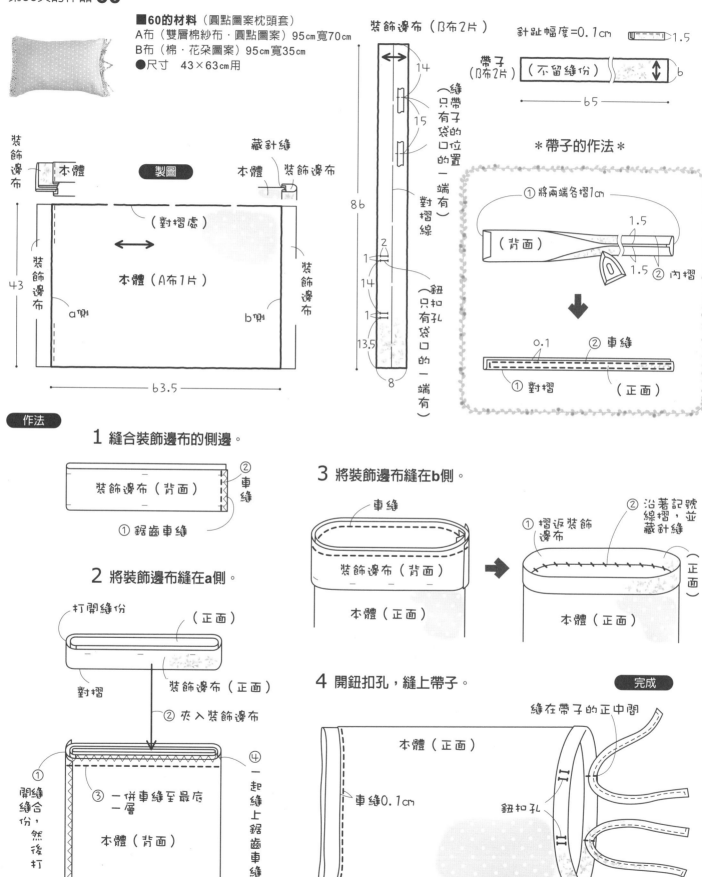

＊製圖上的尺寸不包含縫份。除了帶子以外，其餘請先預留1cm的縫份後，再裁剪布料。

作品62的作法

1 將鋪棉襯燙貼在鞋面A布、鞋底A布上。

2 縫製鞋面。

A布（正面）

鋪棉襯

B布（背面）

車縫

② 平針縫

B布（背面）

0.1

① 翻至正面

A布（正面）

■**62的材料**（拖鞋）
A布（棉・大花朵圖案）75cm寬30cm
B布（棉・小花朵圖案）75cm寬30cm
鋪棉襯　75×30cm
不織布（厚）　25×30cm
●尺寸　24cm以下
●原寸紙型請見第78頁

4 修飾鞋底。

鞋底（B布・正面）

① 從牙口翻回正面

② 縫合

不織布

③ 平針縫

3 縫合鞋面與鞋底。

① 抽拉縫線，將大小縮至吻合鞋底的對齊記號

鞋底（B布・正面）

鞋面（A布・正面）

0.1

② 車縫

鋪棉襯

① 在鞋底（B布）剪出牙口

③ 車縫

（背面）

1cm

② 將鞋底（B布）重疊在側面的上方

鞋面（A布・正面）

完成

- -

■**61的材料**（地墊）
A布（棉・大花朵圖案）75cm寬55cm
B布（棉・小花朵圖案）75cm寬55cm
鋪棉襯　75×55cm
25號繡線　胭脂紅
●完成尺寸　長50×寬70cm

61的作法

A布（背面）　　B布（正面）

① 將鋪棉襯燙貼在A布上

② 車縫

返口20cm

③ 剪出牙口

完成

① 翻至正面　A布（正面）

③ 繡上平針繡（繡線6股一針一股繡）

② 藏針縫

61的製圖

5　1.5　5　1.5　5　5　1
1　10　10　10　10　10　10　1
1.5

平針繡

本體
（A布・B布・鋪棉襯
各1片）

50

1.5

5

1

1.5　5　1.5　5　1
5　　70　　5

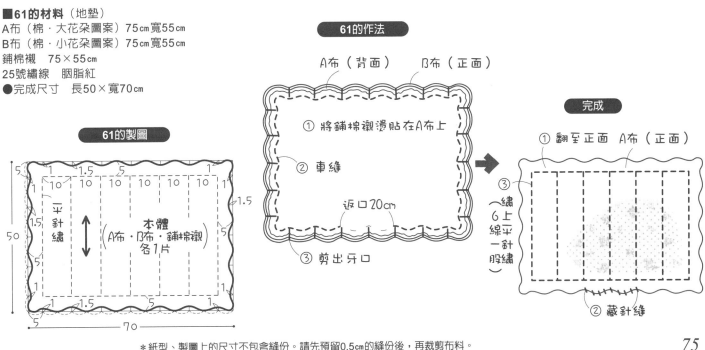

*紙型、製圖上的尺寸不包含縫份。請先預留0.5cm的縫份後，再裁剪布料。

■**64的材料**（飾品托盤）
A布（雙層棉紗布・花朵圖案）30㎝寬30㎝
B布（棉・素面）30㎝寬30㎝
鋪棉襯　30×30㎝
●完成尺寸　高5×底14×14㎝

原寸紙型

抓住角落，
縫合固定

本體
（A布・B布・鋪棉襯
各1片）

車縫位置

對摺處

 作法

B布（背面）　A布（正面）

① 將鋪棉襯燙
貼在B布上

返口8㎝

② 車縫

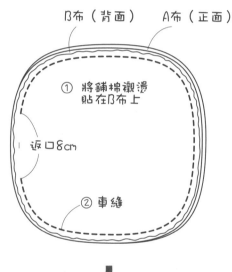

完成

A布

B布

抓住角落，縫合固定

③ 車縫

① 翻至正面

② 藏針縫

A布（正面）

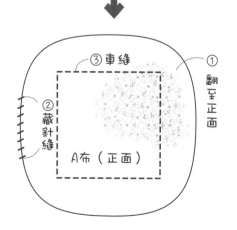

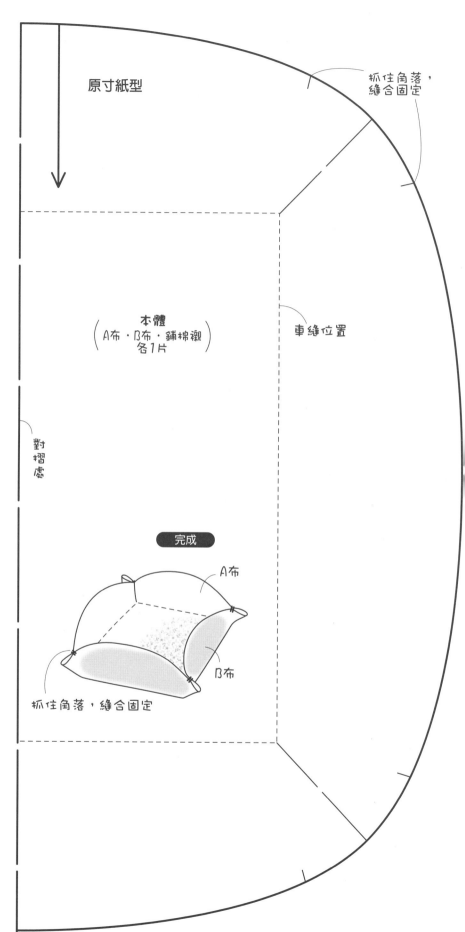

＊紙型上的尺寸不包含縫份。請先預留0.5㎝的縫份後，再裁剪布料。

■**65・66的材料**（衣物收納套・一個的材料）
A布（亞麻・素面）80㎝寬200㎝
B布（棉・圓點圖案）80㎝寬40㎝
●完成尺寸　長100×寬60㎝

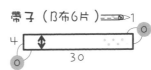

帶子（B布6片）

4
30

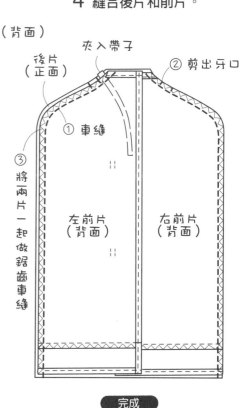

縫帶子的位置（只有左片有）

9.5　5.5
1
2
1
15
28
11
28

縫帶子的位置（右前片）

縫左前片的帶子的位置

前端

後中心線（對摺處）

前片（A布2片）

後片（A布1片）

10　前下襬

後下襬（B布2片）

4
30

針趾幅度＝0.1～0.9㎝

90

作法

1　縫合拼接布。

②將兩片一起做鋸齒車縫

①車縫
前下襬（背面）
＋　－　＋
前片（正面）

2　縫製帶子。

①單邊內摺1㎝
（背面）
②內摺
1
1

②車縫0.1㎝
①對摺
（正面）

3　將領口、下襬、前端，以三摺車縫處理，並縫上帶子。

①三摺車縫
③三摺車縫
0.9
11
④車縫
0.5
帶子
0.9
⑤摺返後再做車縫
0.7
左前片（正面）
0.9
②三摺車縫

①三摺車縫（後片以同樣方式縫製）
③三摺車縫
0.9
夾入帶子
右前片（背面）
0.9　②三摺車縫（後片以同樣方式縫製）

摺返後再做車縫
帶子
（背面）
右前端

4　縫合後片和前片。

後片（正面）
夾入帶子
②剪出牙口
①車縫
③將兩片一起做鋸齒車縫
左前片（背面）
右前片（背面）

完成

＊三摺車縫＊

將裁好的布邊，對齊記號線
（背面）
內摺

②車縫壓縫線
（背面）
①沿著記號線摺

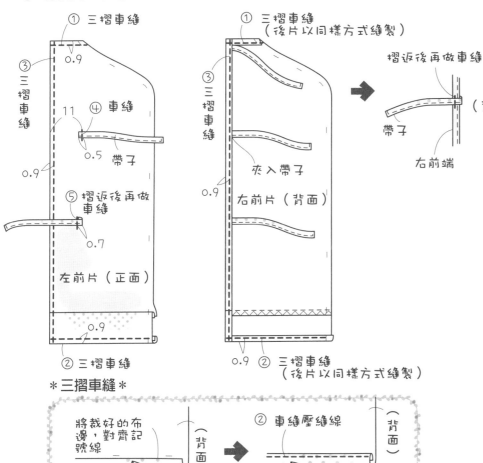

＊製圖上的尺寸不包含縫份。請先預留●內的縫份尺寸後，再裁剪布料。

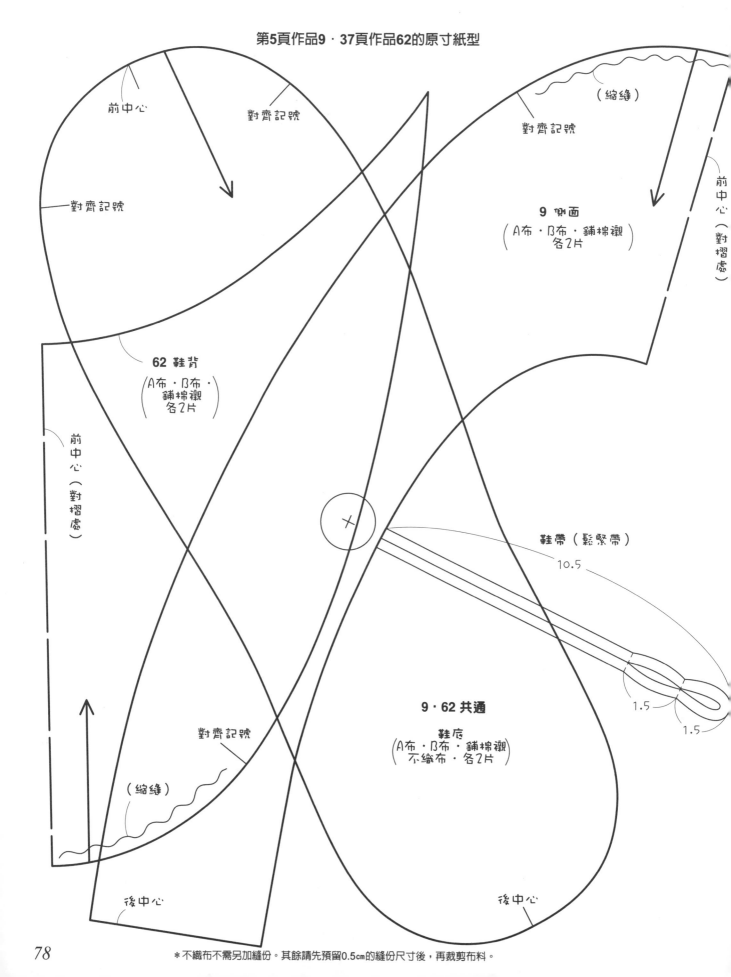

（縮縫）

對齊記號

前中心

對齊記號

9 側面
（A布・B布・鋪棉襯
各2片）

前中心（對摺處）

前中心

對齊記號

62 鞋背
（A布・B布・
鋪棉襯
各2片）

前中心（對摺處）

+

鞋帶（鬆緊帶）

10.5

1.5

1.5

9・62 共通

鞋底
（A布・B布・鋪棉襯
不織布・各2片）

對齊記號

（縮縫）

後中心

後中心

＊不織布不需另加縫份。其餘請先預留0.5cm的縫份尺寸後，再裁剪布料。

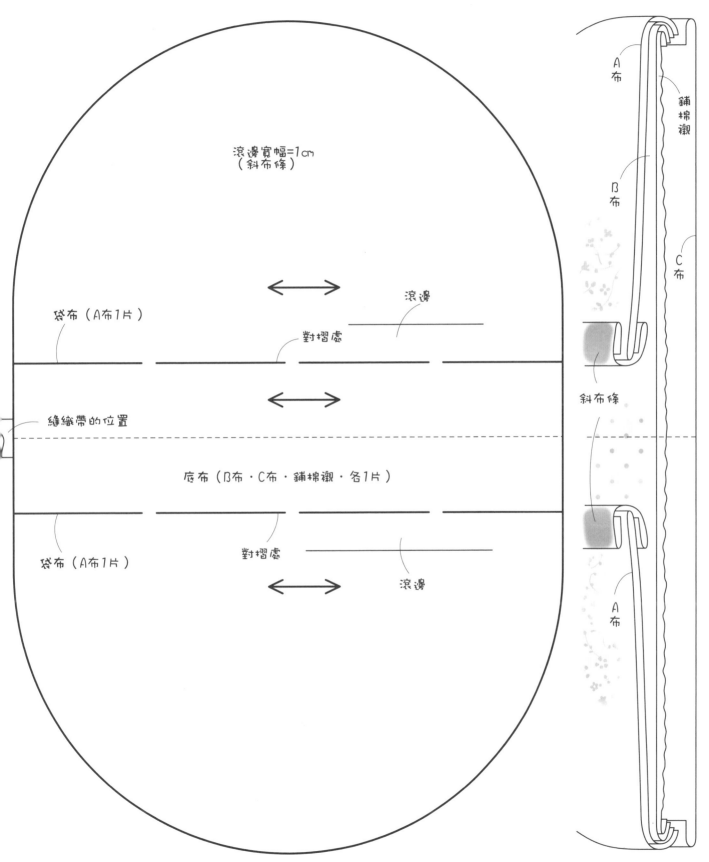

滾邊寬幅=1cm
（斜布條）

滾邊

對摺處

袋布（A布1片）

縫織帶的位置

底布（B布‧C布‧鋪棉襯‧各1片）

袋布（A布1片）

對摺處

滾邊

A布

鋪棉襯

B布

C布

斜布條

A布

＊紙型上的尺寸不包含縫份。請先預留0.5cm的縫份尺寸後，再裁剪布料。

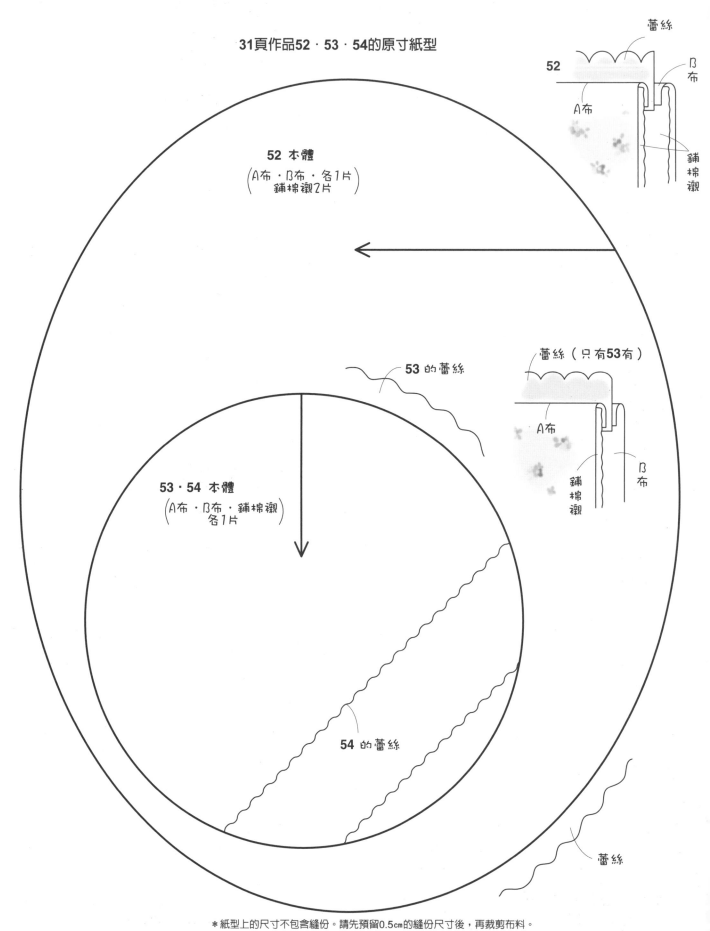

蕾絲

52

B
布

A布

鋪棉襯

52 本體
(A布・B布・各1片)
鋪棉襯2片

蕾絲（只有53有）

A布

B
布

鋪棉襯

53 的蕾絲

53・54 本體
(A布・B布・鋪棉襯)
各1片

54 的蕾絲

蕾絲

＊紙型上的尺寸不包含縫份。請先預留0.5㎝的縫份尺寸後，再裁剪布料。

初版一刷 2010年7月